Verständliche Wissenschaft Band 1

GW00716700

Karl von Frisch

Aus dem Leben der Bienen

Neunte, neubearbeitete und ergänzte Auflage

Mit 125 Abbildungen

Springer-Verlag
Berlin Heidelberg New York 1977

Herausgeber Prof. Dr. Karl v. Frisch

Prof. Dr. Karl von Frisch
8000 München 90, Über der Klause 10

Umschlagentwurf: W. Eisenschink, Heidelberg

ISBN 3-540-08212-3 · 9. Auflage · Springer-Verlag Berlin · Heidelberg · New York
ISBN 0-387-08212-3 · 9th edition · Springer-Verlag New York · Heidelberg · Berlin

ISBN 3-540-04744-1 · 8. Auflage · Springer-Verlag Berlin · Heidelberg · New York
ISBN 0-387-04744-1 · 8th edition · Springer-Verlag New York · Heidelberg · Berlin

Library of Congress Cataloging in Publication Data. Frisch, Karl von, 1886-. Aus dem Leben der Bienen. (Verständliche Wissenschaft; Bd. 1). Includes index. 1. Bees. I. Title. II. Series. QL568.A6F6.1977.595,7'99.77-4308.

Gesamtherstellung: Brühlsche Universitätsdruckerei, Lahn-Gießen

2149/3130-54321

Vorwort zur ersten Auflage

Wenn die Naturforschung allzu scharfe Gläser aufsetzt, um einfache Dinge zu ergründen, dann kann es passieren, daß sie vor lauter Apparaten die Natur nicht mehr sieht. So ist es vor nun bald zwanzig Jahren einem hochverdienten Gelehrten ergangen, als er in seinem Laboratorium den Farbensinn der Tiere studierte und zu der felsenfesten und scheinbar wohlbegründeten Überzeugung kam, die Bienen wären farbenblind. Dies gab mir den ersten Anlaß, mich näher mit ihrem Leben zu beschäftigen. Denn wer die Beziehungen der Bienen zu den farbenprächtigen Blumen aus der Beobachtung im Freien kennt, der mochte eher an einen Trugschluß des Naturforschers als an einen Widersinn der Natur glauben. Seither hat mich das Bienenvolk immer wieder zu sich zurückgezogen und immer von neuem gefesselt. Ihm verdanke ich, freilich sparsam gesät zwischen Tagen und Wochen des Verzagens und vergeblichen Bemühens, Stunden reinster Entdeckerfreude. Der Wunsch, an selbst erlebter Freude andere teilnehmen zu lassen, war ein Beweggrund zu diesem Büchlein. In ihm werden Beobachtungen anderer Forscher und früherer Generationen, Entdeckungen meiner Mitarbeiter und eigene Befunde brüderlich beisammenstehen, ohne daß Namen genannt sind. Es soll uns nur die Sache interessieren und nicht der Entdecker.

Aber gibt es nicht Bienenbücher mehr als genug? Da ist das berühmte Werk von *Maeterlinck:* „Das Leben der Bienen", oder von *Bonsels:* „Die Biene Maja" — beide voll vortrefflicher Naturbeobachtung, und für den Kundigen ein Genuß; aber der unkundige Leser wird schwer die Grenze finden, wo die Beobachtung aufhört und die dichterische Phantasie beginnt. Wer aus dem Leben der Bienen selbst Erbauung sucht, und nicht aus dem, was schöpferische Dichtergabe hineingelegt hat, mag sich an die Lehr- oder Handbücher der Bienenkunde wenden. Aber diese sind vor allem für den praktischen Imker geschrieben und darum mit mancherlei Auseinandersetzungen beschwert, die dem Naturfreund an sich fern liegen; und auch sie sind, wenn auch frei vom Genius des Dichters, oft nicht frei von Phantasie. Es bleiben noch die Werke der Wissenschaft.

Ich möchte dem Leser das Interessante aus dem Leben der Bienen übermitteln ohne den Ballast von praktischen Ratschlägen, wie ihn ein Handbuch bringen muß, ohne den Ballast eines lehrbuchmäßigen Strebens nach Vollständigkeit, ohne Beschwerung mit Zahlenmaterial, Protokollen und Belegen, mit denen eine wissenschaftliche Arbeit gewappnet sein muß, um überzeugen zu können, aber auch ohne jeden Versuch, die Poesie der Wirklichkeit phantastisch auszuschmücken.

Brunnwinkl, Ostern 1927   K. v. Frisch

Vorwort zur neunten Auflage

Die erste Auflage dieses Büchleins erschien 1927 als Band 1 der Reihe „Verständliche Wissenschaft". Aber nicht das „Jubiläum" seines 50jährigen Bestehens, sondern neue Erkenntnisse waren der Anlaß, die vorliegende neunte Auflage gründlich zu überarbeiten.

Wir wußten schon, daß die Biene das polarisierte Licht am blauen Himmel zur Orientierung benützt; aber erst jetzt hat man tieferen Einblick gewonnen, wie sie es fertig bringt, seine Schwingungsrichtung wahrzunehmen. Auch daß sie für die Ausrichtung ihres Wabenbaues sowie für ihren, biologisch so bedeutsamen Zeitsinn vom Erdmagnetismus Gebrauch macht, haben uns die Forschungen jüngst vergangener Jahre als Überraschung gebracht. Darüber hinaus war so viel Neues einzufügen, daß ich durch Kürzungen an anderen Stellen versuchen mußte, den Umfang in Schranken zu halten. — Fünf Abbildungen sind neu hinzugekommen, sechs wurden verbessert, zwei ausgeschieden.

Wer sich inmitten der wuchernden Technik noch einen offenen Sinn für die Natur bewahrt hat, dem wird die Einsicht in das Leben der Bienen zu einer Quelle der Freude und des Staunens. Für den Imker bildet sie eine Grundlage des Erfolges. Dem Lehrer, der Liebe zur belebten Welt in jugendliche Seelen pflanzen will, bietet sie den schönsten Stoff.

Dem Verlag sage ich besten Dank dafür, daß er gegenüber meinen Wünschen ein offenes Ohr hatte.

München, Ostern 1977 K. v. Frisch

Inhaltsverzeichnis

1. Das Bienenvolk

Der Naturfreund hat zweifach Gelegenheit, mit den Bienen un-
schwer eine Bekanntschaft anzuknüpfen: geht er an einem
warmen Frühlings- oder Sommertag einem blühenden Obst-
garten oder einer blumigen Wiese entlang, so sieht er, wie sie
sich an den Blüten zu schaffen machen; und wenn er am Bienenstande eines Imkers vorbeikommt, so sieht er sie dort an den
Fluglöchern ihrer Wohnungen aus und ein fliegen. Es mögen
ein paar Dutzend oder mehr als hundert Bienenstöcke sein. Der
Imker kann sich auch, wenn er will, mit einem einzigen begnügen.
Aber er kann keine kleinere Einheit haben als einen „Bienenstock",
ein „Bienenvolk", dem viele tausend Bienen angehören. Der
Bauer kann eine einzelne Kuh, *einen* Hund, wenn er will *ein* Huhn
halten, aber er kann keine einzelne Biene halten — sie würde in
kurzer Zeit zugrunde gehen. Das ist nicht selbstverständlich, es
ist sogar sehr merkwürdig. Denn wenn wir uns in der Sippe der
entfernteren Verwandtschaft unserer Bienen umsehen, bei den
anderen Insekten, so ist ein solches zuhauf Zusammenleben
durchaus nicht allgemeiner Brauch. Bei den Schmetterlingen, bei
den Käfern, den Libellen usw. sehen wir Männchen und Weibchen
sich zur Paarung kurz zusammenfinden, um sich rasch wieder
zu trennen, und jedes geht seinen eigenen Weg; das Weibchen
legt seine Eier ab an einer Stelle, wo die ausschlüpfenden jungen
Tiere Futter finden, aber es pflegt seine eigenen Jungen nicht und
lernt sie gar nicht kennen, denn es kümmert sich nicht weiter um
die abgelegten Eier, und bevor ihnen die Brut entschlüpft, ist
meist die Mutter schon tot. Warum sind die Bienen voneinander
so abhängig, daß sie für sich allein nicht leben können? Und was
ist überhaupt das „Bienenvolk"?

Gesetzt den Fall, unser Naturfreund könnte des Abends,
wenn alle ausgeflogenen Bienen heimgekehrt sind, einen Bienenstock aufmachen und seinen ganzen Inhalt auf einen Tisch
schütten — wieviele Bewohner würden wohl zum Vorschein

kommen? Nimmt er sich die Mühe des Zählens und war das gewählte Volk kein Schwächling, so findet er an die 40000 bis 80000 Bienen, also etwa so viele Mitglieder des Volkes, wie der Einwohnerzahl einer mittelgroßen Stadt — z. B. Aschaffenburg oder Schweinfurt — entsprechen. Dabei hat er die Bienen*kinder* noch gar nicht mitgezählt; diese sind nicht ohne weiteres zu sehen, und so wollen wir vorerst bei den Erwachsenen bleiben.

Sie schauen auf den ersten Blick alle untereinander gleich aus. Jeder Bienenkörper ist deutlich in drei Teile gegliedert: der *Kopf* trägt seitlich die großen Augen, unten den Mund und vorne zwei Fühler (Abb. 1), die bei allen Insekten zu finden und bei den Bockkäfern so riesenhaft entwickelt sind, daß wir schon als Buben unsere Freude daran hatten; an der *Brust* sitzen seitlich zwei Paar Flügel und unten drei Paar Beine; mit ihr durch eine schlanke Taille verbunden ist der geringelte *Hinterleib*.

Bei genauem Zusehen bemerkt man aber doch Verschiedenheiten zwischen den Tieren. *Eine* Biene ist dabei, die sich durch

Abb. 1.a Königin (vollentwickeltes Weibchen), b Arbeitsbiene, c Drohne (männliche Biene). *K* Kopf, *B* Brust, *H* Hinterleib, *A* Auge, *F* Fühler (Photo Dr. Leuenberger, zweifach vergrößert)

ihren langen und schlanken Hinterleib von allen übrigen Volksgenossen unterscheidet; die Imker bezeichnen sie als die *Königin* (Abb. 1a); an ihr in erster Linie hängt das Wohl und Wehe des

Volkes, denn sie ist das einzige vollentwickelte Weibchen im „Bienenstaate", die alleinige Mutter der riesigen Familie.

In größerer Zahl findet man andere Bienen, die sich durch einen dicken, plumpen Körper und besonders große Augen auszeichnen; es sind die männlichen Tiere, die *Drohnen* (Abb. 1 c); nur im Frühjahre und im beginnenden Sommer sind sie da; später sind sie nutzlos, und dann werden sie von den eigenen Volksgenossen gewaltsam entfernt. Alle anderen Tiere sind *Arbeitsbienen* (Arbeiterinnen, Abb. 1 b); sie bilden die große Masse des Volkes; es sind Weibchen, doch legen sie unter normalen Umständen keine Eier; gerade diese Fähigkeit, in der sich bei der Bienenkönigin und bei anderen Insekten das weibliche Geschlecht am deutlichsten offenbart, ist bei der Arbeiterin verkümmert; dagegen sind bei ihr die mütterlichen Triebe der Fürsorge für die Nachkommenschaft in einer bei Insekten unerhörten Weise entfaltet, und sie nehmen der Königin, die dafür gar keinen Sinn hat, diese Arbeit völlig ab. Also die Königin legt, die Arbeiterin pflegt die Eier. Die Arbeitsbienen sorgen aber auch für Reinlichkeit im Stock, sie entfernen Abfälle und Leichen, sie sind die Baumeister in der Bienenwohnung, sie sorgen für die rechte Wärme im Stock, schreiten zu seiner Verteidigung, wenn es not tut, schaffen die Nahrung herbei und übernehmen ihre Verteilung — alles Dinge, mit denen sich die Königin und die Drohnen nicht abgeben.

So sind im Bienenvolke alle aufeinander angewiesen und für sich allein nicht fähig, sich zu erhalten.

2. Die Bienenwohnung

Der Imker stellt jedem seiner Völker eine hölzerne Kiste, den „Bienenkasten", zur Verfügung (Abb. 5, S. 6). An der Vorderseite ist ein Spalt angebracht, das Flugloch, durch das die Bienen aus und ein gehen. Früher hatten die Bienenzüchter statt der hölzernen Kiste Strohkörbe, und mancherorts blieben sie bis heute in Brauch (Abb. 2).

Der Leser wird fragen: wo haben die Bienen gewohnt, bevor sie der Mensch zu Haustieren gemacht hat? Die Imkerei ist zwar sehr alt — schon vor 5000 Jahren haben sich die Ägypter mit Bienenzucht befaßt, wie wir aus bildlichen Darstellungen in Tempeln und Königsgräbern wissen —, aber die Bienen selbst sind

Abb. 2. Korbbienenstand an einem Bauernhaus in Übersee, Oberbayern
(Photo: Dr. Wohlgemuth)

noch viel älter und haben wild gelebt, bevor sie der Mensch in Pflege nahm.

Es geschieht nicht selten, daß ein Bienenvolk dem Züchter entkommt und sich im Walde in einem hohlen Baum niederläßt. Dies ist die ursprüngliche Bienenwohnung, und da es ehedem mehr hohle Bäume gab als in unseren heutigen, so wohlgepflegten Wäldern, kannten die Bienen auch keine Wohnungsnot.

Der Baum bildet aber, so wie der Strohkorb oder der Bienenkasten, nur den äußeren Schutz für das Bienenheim; die Inneneinrichtung bauen sich die Bienen selbst, indem sie einen Wabenbau aus Wachs aufführen (Abb. 3).

Manche Bienenzüchter verwenden als Behausung für das Bienenvolk einen Holzklotz, der nichts anderes ist als ein Stück eines hohlen Baumes (Abb. 4). Diese Art von Bienenstöcken steht der ursprünglichen, natürlichen Bienenwohnung am nächsten. Die Strohkörbe bieten in ihrem Inneren einen ähnlichen geschützten Hohlraum und haben den Vorzug, daß sie leichter und hand-

Abb. 3. Bienenkorb, umgelegt, so daß man von unten auf den Wabenbau im Inneren sieht (Photo: Prof. Zander)

Abb. 4. Hohler Baumklotz als Bienenwohnung (Photo: Dr. Wohlgemuth)

licher sind. Aber das Innere dieser alten Bienenwohnungen ist dem Bienenzüchter schlecht zugänglich, wenn er irgendwie eingreifen will. Es war darum ein großer Fortschritt in der Bienenzucht, als man um die Mitte des vorigen Jahrhunderts auf den Gedanken kam, den Bienen einen hölzernen Kasten als Wohnraum zu geben, dessen Hinterwand oder Deckel abgenommen werden kann, und in das Innere eine Anzahl Holzrähmchen zu hängen, in welche die Bienen nun ihre Waben bauen (Abb. 5). Jetzt läßt sich jede Wabe mit ihrem Rähmchen einzeln herausheben und wieder einfügen, wenn es etwas nachzusehen oder zu richten gibt, man kann auch einzelne, mit Honig gefüllte Waben wegnehmen und durch leere ersetzen, ohne daß das Volk nennenswert gestört wird, während bei dem alten System die Honiggewinnung mit einer Zerstörung des Baues und oft mit der Vernichtung des Volkes verbunden war. So haben jetzt die Bienenkästen mit „beweglichen Waben" weite Verbreitung gefunden.

Abb. 5. Bienenkasten. Deckel entfernt, eine Wabe im Holzrähmchen herausgehoben. *F* Flugspalt an der Vorderseite des Bienenkastens, vor ihm das Anflugbrettchen

Daß auch die Bienenwohnung als Ganzes beweglich ist, hat für den Bienenzüchter noch einen besonderen Vorteil. Der hohle Baum, die Urwohnung der Bienen, ist ortsgebunden; seine Kästen oder Körbe aber kann der Imker auf einen Wagen laden und in eine andere Gegend fahren, wenn zu gewisser Jahreszeit die Blumen, die Honigquellen der Bienen (vgl. 11 ff.), an seinem Wohnort abnehmen, während sie anderwärts noch reiche Einkünfte versprechen. Diese *Wanderbienenzucht* ist in vielen Gegenden ein ausgezeichnetes Mittel zur Steigerung des Honigertrages. Wo ausgedehnte Buchweizenfelder, wo weite Flächen mit Heidekrautbeständen in der blumenarmen Spätsommerzeit für einige Wochen zu ungezählten Millionen ihre honigreichen Blüten öffnen, da kommen die Imker von allen Seiten herangewandert und stellen ihre Völker auf, ähnlich wie der Bauer sein Vieh auf die Almen bringt, um eine sonst ungenützte Weide zu gegebener Zeit seinen Zwecken dienstbar zu machen.

Den Bienenkasten und die Holzrähmchen zum Einbau der Waben stellt der Imker seinen Bienen zur Verfügung. Aber die Waben bauen sie sich selbst. Ja, auch der Stoff, aus dem die Waben gebaut werden, das *Wachs*, ist ihr eigenstes Erzeugnis. Jede Arbeitsbiene trägt eine kleine Wachsfabrik in sich.

Abb. 6.
Eine Wachs ausschwitzende Biene von der Bauchseite gesehen. *W* aus den Hautfalten austretende Wachsschüppchen

Dies klingt sehr wunderbar und wird kaum besser verständlich, wenn wir hören, daß die Wachsbereitung kein Privilegium der Bienen ist. Man findet sie auch bei anderen Insekten. So bemerkt man z. B. nicht selten im Sommer kleine weiße Flöckchen, die wie winzige Schneeflocken durch die Luft segeln. Fängt man sie und sieht genau zu, so erkennt man eine Blattlaus, eingehüllt in einen Pelz von feinsten weißen Wachsfäden, die sie aus Poren ihrer Haut ausgeschwitzt hat. Die Bienen sondern das Wachs, das in seiner chemischen Zusammensetzung dem Fett ähnlich ist, an der Unterseite ihres Hinterleibes aus. Hier erscheint es in Gestalt kleiner, dünner Schüppchen in der Tiefe der Hautfalten, welche die Hinterleibsringe bilden (Abb. 6). Statt diese Wachsschüppchen als nutzlose Ausscheidung fallen zu lassen, nehmen sie die Bienen mit ihren Füßen ab, kneten sie mit den kräftigen Zangen, die sie als gar brauchbares Werkzeug am Munde führen (Abb. 7, *O*), zu einem kleinen Wachsklümpchen, und aus solchen bauen sie Stück für Stück die Wabe auf.

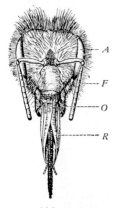

Abb. 7.
Bienenkopf von vorne gesehen. *O* Oberkiefer, *R* Saugrüssel, *F* Fühler, *A* Auge (vergrößert)

Nicht ständig wird im Bienenstock gebaut, aber wenn es not tut, sehr rasch. Die Photographie Abb. 8 zeigt, was die kleinen Baumeister in einer Nacht zustande bringen. Wir sehen an der Abbildung auch, daß der Bau der Wabe oben beginnt und genau lotrecht nach unten fortschreitet.

Jede Wabe besteht aus mehreren tausend kleinen Wachskammern oder „Zellen", die zwei verschiedenen Aufgaben dienen: als Kinderstuben für die Brut und als Vorratskammern zur Speicherung von Blütenstaub und Honig. Sie sind überraschend zweckmäßig angelegt. Ein Schnitt durch eine Wabe von oben nach unten (Abb. 9a) läßt eine Mit-

Abb. 8. Im Bau begriffene Waben (Photo: E. Schuhmacher)

telwand *(M)* erkennen; sie bildet den gemeinsamen Boden für die
nach beiden Seiten gerichteten Zellen. Diese steigen nach außen

etwas an, eben steil genug, daß der
zähflüssige Honig nicht heraus-
tropft. Der vertiefte Boden einer
jeden Zelle besteht aus drei Wachs-

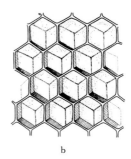

Abb. 9. Zellenbau der Bienenwabe. Ein Stück einer Wabe:
a durchgeschnitten, b von der Fläche gesehen. *M* Mittelwand

plättchen von der Gestalt gleichseitiger Rhomben (Abb. 9 b). Wer
zum erstenmal eine volle Wabe aus dem Stock hebt, staunt über
ihr hohes Gewicht. Eine Wabe im Maße von 37 zu 22,5 cm kann
2 kg Honig aufnehmen, ohne unter der Last zusammenzubrechen.
Dabei brauchen die Bienen zu ihrer Herstellung nur 40 g Wachs.
Als sparsame Werkleute machen sie die Zellwände weniger als

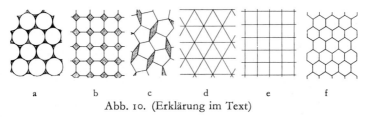

a   b   c   d   e   f
Abb. 10. (Erklärung im Text)

1/10 Millimeter dick. Mit ihren Böden sind die beiderseitigen Zellen so ineinander verzahnt (Abb. 9 a), daß ihre große Tragkraft
verständlich wird. Am merkwürdigsten aber ist, daß die Seitenwände der Zellen Sechsecke bilden (Abb. 9 b). Von vornherein
könnten ja die Bienen ihre Kammern ebensogut mit runden Wän-

den bauen, wie es die Hummeln tatsächlich tun, oder andere Formen wählen (Abb. 10). Doch bei runden oder etwa acht- oder fünfeckigen Zellen (Abb. 10, a bis c) würden zwischen ihnen ungenützte Räume bleiben (in der Abbildung dunkel), das wäre Raumverschwendung; und jede Zelle müßte ganz oder teilweise ihre eigene Wand haben, das wäre Materialverschwendung. Bei

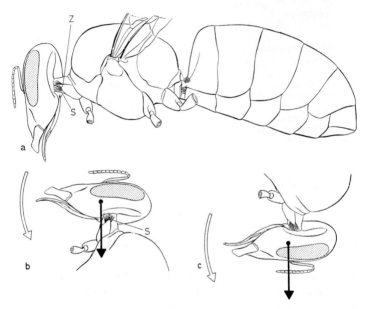

Abb. 11. Das Sinnesorgan der Schwereempfindung an der Verbindungsstelle von Kopf und Brust. Der Kopf ruht auf Chitinzapfen der Vorderbrust (Z in Bild a). Um sie sichtbar zu machen, ist der Kopf etwas vorgezogen. Da sein Schwerpunkt (Ansatzstelle der Pfeile in b und c) tiefer liegt, wird er bei Stellung nach oben durch die Schwerkraft gegen die Brust bewegt (b), bei Stellung nach unten gegen den Rücken (c). Dadurch werden die Sinnesborsten S, die den Kopf berühren, in verschiedener Weise gereizt. — Ein gleichartiges Sinnesorgan sitzt zwischen Brust und Hinterleib. Nach Lindauer und Nedel

drei-, vier- oder sechseckigen Zellen (Abb. 10, d bis f) fallen beide Nachteile fort, da jede Wand in ganzer Ausdehnung zwei Nachbarzellen gemeinsam ist und keine Zwischenräume bleiben. Die Dreiecke, Vierecke und Sechsecke unserer Abb. 10 sind so gezeichnet, daß sie genau gleichgroße Flächen umschließen. Solche

Bienenzellen würden also, bei gleicher Tiefe, gleichviel Honig fassen. Die Sechsecke haben aber von diesen drei flächengleichen geometrischen Figuren den kleinsten Umfang. Zur Ausführung der *sechseckigen* Zellen ist daher, bei gleichem Fassungsvermögen, am wenigsten Baumaterial nötig.

Die Bienen haben also mit ihren sechseckigen Zellen tatsächlich die beste und sparsamste Form gefunden, die denkbar ist. Ein Maurer würde zur Ausführung eines so regelmäßigen Bauwerks Lot und Winkelmaß brauchen. Die Winkel messen die Bienen wohl mit den vielen Tasthärchen an Kopf und Fühlern, doch ist Genaues darüber nicht bekannt. Ein *Pendellot* ist ihnen als lebender Bestandteil ihres Körpers mitgegeben. Der Kopf ruht *oberhalb seines Schwerpunktes* auf zwei Chitinzapfen der Brust (*Z* in Abb. 11a). Sitzt die Biene auf der Wabe mit dem Kopf nach oben, so zieht die Schwerkraft dessen gewichtigeren Unterteil gegen die Brust (Abb. 11b, Pfeil). Ein Polster hochempfindlicher Tastsinneszellen (*S*) an der Zapfenspitze dient der Wahrnehmung dieser Drehbewegung. Kopfunten erfolgt die Drehung im entgegengesetzten Sinn (Abb. 11c) und jede Schrägstellung bewirkt eine andere, bezeichnende Druckverteilung auf dem Polster der Sinneszellen. So sind die Bienen imstande, ihre eigene Körperstellung und zugleich die Stellung der Waben im Raum zu kontrollieren. Zerstört man das Organ der Schwereempfindung, dann stellen sie ihre Bautätigkeit ein und man findet ihre abgeschiedenen Wachsschüppchen in Menge nutzlos am Boden verstreut.

Den zweifachen Zweck der Bienenzellen haben wir schon kurz erwähnt; in ihnen werden Futtervorräte gespeichert, und es wächst in ihnen die Nachkommenschaft heran. So werden wir uns jetzt mit der Art und Herkunft des Futters und mit der Bienenbrut zu beschäftigen haben.

3. Die Ernährung des Bienenvolkes

Drollige Ernährungssonderlinge gibt es unter den Tieren wie unter den Menschen; nur bleibt beim Menschen der Laune des einzelnen ein weiter Spielraum überlassen, während jeder Tierart von der Natur strenger vorgezeichnet ist, was sie annimmt oder ablehnt. Viele Insekten sind Vegetarier, andere sind Fleischfresser. Manche Schmetterlingsraupen lassen sich mit verschiedenartigen

Blättern füttern; es gibt aber eine Raupe, die nur an der Salweide lebt und jede andere Nahrung verschmäht, auch wenn sie Hungers sterben muß.

Solche Unterschiede sind sonderbar; denn im Grunde brauchen alle Menschen und alle Tiere die gleichen Nährstoffe, und nehmen sie nur in etwas verschiedener Form zu sich. Wir alle brauchen in der Nahrung Fett und Zucker als Heizstoff für unsere Lebensmaschine, als Kraftquelle für unsere Muskeln, so notwendig, wie das Auto Benzin braucht, um fahren zu können; nur müssen wir nicht durchaus Zuckersachen essen, auch Brot oder Kartoffeln sind Zuckerquellen für unseren Körper, denn ihr Hauptbestandteil, die „Stärke", ist in chemischer Hinsicht dem Zucker ähnlich und wird tatsächlich durch unsere Verdauungsorgane in Zucker umgewandelt. Wir brauchen aber auch Eiweiß, denn der tierische und menschliche Körper besteht zum großen Teil aus Eiweißstoffen, und kann nur wachsen, wenn ihm mit der Nahrung solche zugeführt werden.

Auch unsere Bienen brauchen diese zweierlei Arten von Nährstoffen, und selten sind sie so klar gesondert wie gerade hier in den beiden Futtersorten, welche die Sammlerinnen des Bienenvolkes als einzige Nahrung suchen und eintragen: Der zuckerreiche, fast eiweißfreie *Honig* liefert dem Bienenkörper das Heiz- und Betriebsmaterial, der eiweißreiche *Blütenstaub* daneben die für den wachsenden Körper unentbehrlichen Baustoffe.

Beides finden die Bienen an den Blumen, und nichts anderes suchen sie dort, wenn sie sich so eifrig an den Blüten zu schaffen machen. Hungrige Mäuler gibt es auch im Winter, aber Blumen gibt es dann nicht. Darum sammeln die Bienen in den Frühjahrs- und Sommermonaten, solange alles blüht und die „Tracht" reich ist, einen Honigvorrat im Überschuß, an dem sie im Winter zehren. Die Aufzucht der jungen Bienen, für deren heranwachsenden Körper das Eiweiß unentbehrlich ist, ist auf die Zeit der Blüten, auf die Frühjahrs- und Sommermonate beschränkt. Und so wird Blütenstaub nur in dem Maße gespeichert, wie es für die Ernährung der Brut erforderlich ist.

Was der Honig ist und wie ihn die Bienen herstellen

Wenn wir ein Blütenköpfchen des Wiesenklees abreißen, vorsichtig einige Einzelblüten herauszupfen und ihre inneren, röhrenförmig zulaufenden Enden zerkauen, bemerken wir einen süßen Geschmack. Haben die Bienen unsere Blüten nicht gar zu sehr ausgeplündert, so können wir auch im Ende der Blumenröhre ein kleines, wasserklares Tröpfchen erkennen, das nicht viel anderes ist als Zuckerwasser. Die meisten Blüten scheiden in der Tiefe ihres Blütengrundes solchen Zuckersaft aus. Die Botaniker nennen ihn *Nektar* — nicht mit Unrecht. So hieß ja bei den alten Griechen der Göttertrank. Er hatte einen wundervollen Duft und machte unsterblich. Auch Honig hat einen unbestreitbaren Wohlgeruch, und wenn er nicht unsterblich macht, so gibt es doch viele hochbetagte Imker, die — wie auch manche Ärzte — fest überzeugt sind, daß Honig essen gesund ist und das Leben verlängert. Wie dies zugeht und ob es überhaupt stimmt, das muß die Wissenschaft erst noch genauer erforschen.

Abb. 12. Blüte der Weinraute (Ruta graveolens). Die Nektartröpfchen werden von dem ringförmigen Wulst *(W)* in der Mitte der Blüte ausgeschwitzt. *St* Staubgefäße. (Dreifach vergrößert)

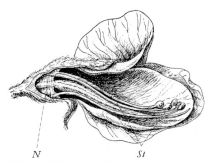

Abb. 13. Blüte von Thermopsis montana, längs durchgeschnitten. Der Nektar *(N)* wird im Grunde der tiefen Blumenröhre abgesondert. *St* Staubgefäße. (Zweifach vergrößert)

In manchen Blüten liegen die Nektartröpfchen frei zutage (Abb. 12), und neben Bienen stellen sich dort Fliegen und Käfer und allerhand andere Näscher aus der Insektenwelt als Gäste ein; andere Blüten, wie unser Klee oder die in Abb. 13 dargestellte Thermopsisblüte, sondern den Nektar im Grunde tiefer Blumenröhren ab, wo er nur solchen Insekten erreichbar ist, die von der

Natur hierfür besonders ausgestattet sind: bei den Bienen, Hummeln und Schmetterlingen erhebt sich um die Mundöffnung ein beweglicher, sinnreich gestalteter Saugrüssel (vgl. Abb. 7 auf S. 8), durch den sie den Zuckersaft auch aus den tiefen Blumenröhren in ihren Magen schlürfen können.

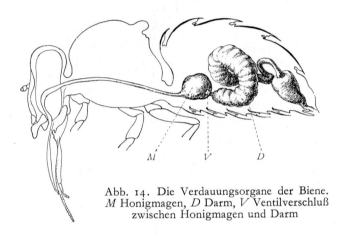

Abb. 14. Die Verdauungsorgane der Biene. *M* Honigmagen, *D* Darm, *V* Ventilverschluß zwischen Honigmagen und Darm

Was wir in unserem Magen haben, verfällt der Verdauung und gehört unstreitig uns. Der Magen der Biene aber (vgl. Abb. 14, *M*) ist einem Einkaufstäschchen vergleichbar, sein Inhalt gehört der ganzen Familie, dem ganzen Bienenvolk. Beim Blumenbesuch fließt ein Nektartröpfchen nach dem anderen durch den Rüssel und die lange Speiseröhre in diesen Honigmagen der Biene. Hat sie Hunger, so öffnet sie ein wenig das ventilartige Verbindungsstück (*V* in Abb. 14), das vom Gemeinschaftsmagen in den anschließenden Darm hinüberführt; nur was hier durchgeflossen ist, wird verdaut und dient dem Bedarf des eigenen Körpers. Zur Hauptsache wird der Inhalt des Honigmagens nach der Rückkehr von einem Sammelflug erbrochen und dient dem Bedarf der Gemeinschaft.

Wenn man sagt, die Bienen sammeln Honig, so ist das nicht ganz richtig. Sie sammeln Nektar und machen daraus den Honig. Frisch eingetragener Nektar wird an zahlreiche Stockgenossen verteilt und von diesen durch wiederholtes Auswürgen immer wieder in kleinen Tropfen vor dem Munde der warmen Stockluft ausgesetzt, wobei viel Wasser verdunstet, und dann in offenen Zellen weiter eingedickt. So wird binnen wenigen Tagen aus dünnflüssigem Nektar haltbarer Honig. Gleichzeitig bewirkt die Beimischung eines Speichelenzyms der Bienen, daß der im Nektar enthaltene Rohrzucker fast restlos in seine beiden chemischen Bausteine Traubenzucker und Fruchtzucker gespalten wird, die nach Honiggenuß sofort aus dem Darm ins Blut aufgenommen werden können; die Verdauungsarbeit haben die kleinen Honigmacherinnen schon vorweg besorgt. Durch weitere Enzyme aus dem Bienenspeichel gewinnt der Honig eine leicht sauere Reaktion. Dadurch wird die Entwicklung von Bakterien verhindert. Spurweise finden sich im Honig auch Mineralstoffe wie Eisen, Kupfer, Mangan, oft auch Kobalt. Sie werden von unserem Körper zwar nur in kleinsten, aber lebenswichtigen Mengen benötigt, an denen er zuweilen Mangel hat.

Obwohl es die Bienen sind, die aus dem süßen Saft der Blumen den haltbaren und bekömmlichen Honig bereiten, so sollten wir darob nicht vergessen, daß all sein Zucker aus dem Nektar stammt und daß sein Aroma nichts anderes ist als der dem Nektar anhaftende Blütenduft, mit einem Zusatz von Bienen- und Wachsgeruch. So bleiben die Blumen im Grunde die Erzeuger dieses köstlichen Nahrungsmittels. Den Bienen verdanken wir seine Veredelung — und daß der Honig auf unserem Speisezettel steht. Denn keines Menschen Geduld könnte ausreichen, die winzigen Nektartröpfchen aus den Blumen zu sammeln. Die Menge, die eine Biene von einem Sammelflug heimbringt, ist nicht groß; ist doch ihr Honigmagen kaum größer als ein Stecknadelkopf, und an die 60 mal müßte sie ihn aus den Blumen vollpumpen und wieder entleeren, um einen Fingerhut zu füllen. Das Nektartröpfchen, das die einzelne Blüte bietet, ist noch viel kleiner, und unsere Sammlerin muß an die 1000 Einzelblüten des Klee befliegen, um ihren Magen einmal zu füllen. Wenn trotzdem manches Bienenvolk zu günstigen Zeiten mehr als 1 kg Honig an *einem* Tage aufspeichert, so zeigt dies, wie emsig es am Werke ist. Aber der Schlecker, der einen Löffel Honig wie einen Löffel Milch hinunterschluckt, mag manchmal daran denken, durch wieviel Arbeit er gewonnen wurde.

Der Blütenstaub und die „Höschen" der Bienen

Der Blütenstaub ist in den Blumen leichter zu sehen als die oft so versteckten Nektartröpfchen. Die „Staubgefäße" oder „Pollenblätter" (den Blütenstaub nennen die Botaniker auch den „Pollen" der Blumen) bringen ihn hervor. Diese Staubgefäße (vgl. Abb. 12 und 13, *St*), je nach der Pflanzenart in geringer Zahl oder zu vielen Dutzenden in jeder Blüte vorhanden, entspringen als zarte Fäden im Blütengrunde und sind am freien Ende zu kleinen Polstern verdickt; hier entsteht der Blütenstaub, meist als ein gelbliches, bei anderen Blumen weißliches oder rötliches Pulver, oft so reichlich, daß wir nur mit dem Finger daran zu streifen brauchen, um ihn wie mit Puder zu bedecken. Von diesen Staubgefäßen holen die Bienen den Pollen.

Abb. 15. Mit „Höschen" heimkehrende Pollensammlerin. An den Hinterbeinen die Klumpen von Blütenstaub (Photo: Dr. Leuenberger)

Es sind in der Regel nicht dieselben Arbeitsbienen, die den Nektar sammeln. Ähnlich wie in einer modernen Fabrik sind auch in der Werkstätte der Bienen die Arbeiten weitgehend aufgeteilt, so daß sogar von den Futtersammlerinnen oft die eine nur nach Nektar, die andere nur nach Blütenstaub ausgeht, jede ganz ihrer Sache hingegeben. Und es ist keine leichte Sache, das Pollensammeln. Auch ein vollendeter Taschenspieler wird vor dieser Fertigkeit der kleinen Beinchen alle Achtung haben.

Der Blütenstaub wird beim Einsammeln gehöselt, d. h. zu Klumpen geballt, außen an die Hinterbeine geklebt und mit diesen Höschen an den Beinen, die wohl jeder schon gesehen hat (Abb. 15), kehrt die Pollensammlerin nach Hause. Der Vorgang des Sammelns vollzieht sich mit so unglaublich raschen Bewegungen, daß es kaum möglich ist, ihm mit den Augen zu folgen. Es hat einigen Scharfsinn gebraucht, bis man ihn richtig erkannt hat.

Zu guter Arbeit gehört ein gutes Werkzeug, und mit solchem sind die Arbeitsbienen von Haus aus versehen. Abb. 16 zeigt, wie ihre Beine am Körper sitzen. Sie bestehen, wie jedes Insektenbein, aus einigen gelenkig miteinander verbundenen Teilen, von denen uns nur die größten interessieren: der Oberschenkel, der Unterschenkel und der Fuß, der seinerseits wieder aus mehreren Gliedern zusammengesetzt ist. An den *Hinter*beinen (Abb. 17),

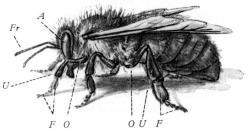

Abb. 16. Honigbiene (Arbeiterin). *A* Auge, *Fr* Fühler, *O* Oberschenkel, *U* Unterschenkel, *F* Fuß (dreieinhalbfach vergrößert)

die beim Pollensammeln eine besondere Rolle spielen, ist das erste *Fuß*glied stark vergrößert und verbreitert und trägt an der

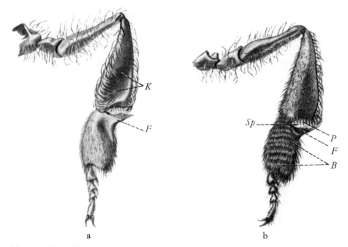

Abb. 17. Ein Hinterbein der Arbeitsbiene: a von außen, b von innen gesehen. Das erste Fußglied ist stark vergrößert und trägt innen das *Bürstchen B*. Aus dem Bürstchen wird der Blütenstaub mit dem *Pollenkamm (P)* des anderen Hinterbeines herausgekämmt. Ein Druck des *Fersenspornes (F)* schiebt den Pollen aus dem Kamm durch die Spalte *Sp* auf die Außenseite des Unterschenkels in das Körbchen *(K)*, eine von einem Haarkranz umsäumte Vertiefung, in welcher der Blütenstaub heimgetragen wird

Innenseite einen dichten Besatz von steifen Haarborsten, das „Bürstchen". Auch der Unterschenkel der Hinterbeine ist besonders gestaltet, er ist an der Außenseite von langen Haaren umsäumt, die ein glattes, teilweise schwach vertieftes Feld umgrenzen, das „Körbchen". In den Körbchen werden die Pollenklumpen heimgetragen. Und wie sie dorthin gelangen, das vollzieht sich in der Hauptsache so:

Jede Biene, die ausfliegen will, um Pollen zu sammeln, nimmt zunächst in ihrem Honigmagen von daheim ein bißchen Honig mit. An den Blüten setzt sie sich auf die Staubgefäße, wie man das an den großen Mohnblüten oder wilden Rosen so besonders schön sehen kann, kratzt mit ihren Kiefern und Vorderbeinen den losen Blütenstaub behende herunter und befeuchtet ihn zugleich mit dem mitgebrachten Honig, um ihn klebrig zu machen. Ist reichlich Pollen vorhanden, so bleibt er zwischen den Haaren des ganzen Körpers hängen, wenn die Biene in der Blüte herumarbeitet, und sie sieht dann bisweilen aus wie mit Mehl bestäubt. Während sie zur nächsten Blüte weiterfliegt, sind die Beine unter ihrem Bauch in fieberhafter Tätigkeit: mit den Bürstchen der Hinterbeine bürstet sie den Blütenstaub aus ihrem Körperkleid und von den anderen Beinen ab, dann kämmt sie mit einem steifen Borstenkamm, der am Ende des Unterschenkels sitzt (Abb. 17 b,

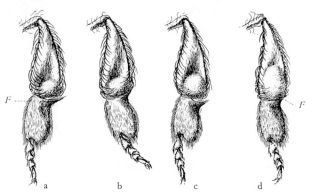

Abb. 18. Ein Hinterbein einer pollensammelnden Arbeitsbiene: a zu Beginn, d gegen Ende des Sammelfluges. Allmähliches Anwachsen der Höschen. In b und d wird gerade durch Druck des Fersenspornes *(F)* eine neue Ladung Blütenstaub von unten in das Körbchen geschoben (nach Casteel)

P), den Pollen aus dem Bürstchen des anderen Beines heraus, abwechselnd rechts und links; nun hängt der Blütenstaub im Kamm, aber nur für einen Augenblick, dann wird er durch einen geschickten Druck des Fersenspornes (Abb. 17 a, *F*) durch die Spalte *(Sp)* hindurch auf die andere Seite, die Außenseite des Unterschenkels, hinüber und ins Körbchen hinaufgeschoben. Hier wird so von unten her Schub auf Schub nachgedrückt, das Höschen wächst und wird immer weiter hinaufgeschoben (Abb. 18), bis es schließlich das Körbchen ganz ausfüllen kann. Die Mittelbeine drücken und klopfen ab und zu darauf, daß der Ballen gut zusammenhält und nicht verlorengeht.

Heimgekehrt, streift die Sammlerin die Höschen in eine Vorratszelle ab. Alsbald steckt eine junge, mit häuslichen Arbeiten beschäftigte Biene ihren Kopf hinein, zerdrückt die beiden Pollenballen mit vorgestreckten Kiefern und preßt den neuen Blütenstaub mit Nachdruck an den schon früher eingefüllten Vorrat.

Honig und Pollen werden in getrennten Zellen der Waben gespeichert (Abb. 22—24) und dort bei Bedarf geholt.

Was die Blumen gewinnen, wenn sie von den Bienen geplündert werden

Daß sich die Bienen den Nektar und Blütenstaub aus den Blumen holen, ist ihnen nicht zu verdenken; daß ihnen die Pflanzen diese beiden nahrhaften Stoffe bieten, geschieht aber auch zu ihrem eigenen Nutzen.

Die Pollenkörner sind die männlichen Keime der Blütenpflanzen, entsprechend dem Samen der Tiere. Die weiblichen Keime, entsprechend den Eiern der Tiere, werden häufig — doch nicht immer — von den gleichen Blüten hervorgebracht, die auch den Pollen erzeugen, und liegen in einer Anschwellung des Blütengrundes, dem Fruchtknoten (Abb. 19). Wie sich ein Hühnerei nur dann zu einem Küken entwickeln kann, wenn es durch einen Hahn befruchtet worden ist, so können sich die weiblichen Keimanlagen im Fruchtknoten der Blüte nur nach Vereinigung mit den männlichen Keimen, dem Blütenstaub, zu reifen, entwicklungsfähigen Samenkörnern und aus diesen zu jungen Pflanzen weiterbilden.

Damit die Keimanlagen befruchtet werden, muß etwas Blütenstaub auf die klebrige Narbe (*N*, Abb. 19) gelangen, die Blüte muß „bestäubt" werden. Von der Narbe wandert der Inhalt der Pollenkörner mit den auskeimenden Pollenschläuchen durch den Griffel *(G)* hinab in den Fruchtknoten und verschmilzt mit den weiblichen Anlagen. Gelangt kein Pollen auf die Narbe, so gibt es keine Früchte. Die Blüte kann aber in der Regel den Pollen nicht selbst aus den Staubgefäßen auf die Narbe streuen; auch ist es gar nicht vorteilhaft, wenn der Blütenstaub auf die Narbe derselben Blüte gelangt, wie ja auch bei Tieren strenge Inzucht schädlich werden kann. Es gibt gesündere Nachkommenschaft, wenn der Pollen auf *andere* Blüten der gleichen Art gerät, und es finden sich vielerlei Mittel, die solches begünstigen. Häufig sind die Blüten für den Pollen, den sie selbst erzeugt haben, gar nicht empfänglich, so daß Selbstbestäubung unfruchtbar bleibt.

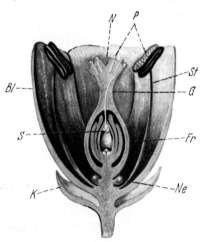

Abb. 19. Eine Blüte mitten durchgeschnitten. *S* Samenanlage, *Fr* Fruchtknoten, *G* Griffel, *N* Narbe, *P* Pollen, *St* Staubgefäße, *Bl* Blumenblätter, *K* Kelchblätter, *Ne* Nektar

Wenn nun eine pollensammelnde Biene von Mohnblume zu Mohnblume oder von Rose zu Rose fliegt, dann trägt sie den Pollen von einer Blüte zur anderen und streift, von ihrer Arbeit bestäubt wie ein Müllerknecht, unfehlbar an der Narbe einige Pollenkörner ab und bewirkt so die Befruchtung. Aber auch die Nektarsammlerinnen streifen an Staubgefäßen und Narben an, wenn sie sich um den süßen Saft im Blütengrunde bemühen, und wirken so als unbewußte Züchter. Mit wie großem Erfolg, das zeigt als ein Beispiel die Photographie (Abb. 20) anschaulicher, als es sich in Worten sagen läßt. An einem Birnbaum wurden zur Blütezeit zwei Äste ausgewählt, welche die gleiche Zahl von

Blüten trugen. Der eine wurde mit Gaze eingebunden, so daß die Bienen an seine Blüten nicht heran konnten. Aus den Blüten des Zweiges, der den Bienen zugänglich war, entwickelten sich 33 Birnen, an dem anderen Zweig entstand keine einzige Frucht.

Abb. 20. Einfluß des Bienenbesuches auf den Fruchtansatz: Von zwei Birnbaumzweigen war der eine während der Blüte vor Bienenbesuch geschützt. An ihm entwickelte sich keine einzige Frucht, während am anderen Zweig 33 Birnen entstanden (nach Zander)

Auch andere Insekten wirken als Blütenbestäuber, man kann ja an einem sonnigen Frühlingstage ein buntes Volk von Hummeln, Schmetterlingen, Käfern, Fliegen an den Blumen sich tummeln sehen. Aber die Bienen sind doch die wichtigsten Pollenüberträger, wegen ihrer großen Zahl, wegen ihres Sammeleifers, der nicht nur auf die Stillung des augenblicklichen Hungers bedacht ist, sondern auch auf die Anlage eines Wintervorrats, auch wegen ihres guten Rüstzeuges, das sie zum Besuch mancher Blumen befähigt, die von Insekten mit minder gutem Werkzeug nicht ausgebeutet werden können. Wenn die Bienen nicht wären, würden daher nicht nur unsere Obstbäume, sondern auch Klee und Buchweizen, Bohnen und Gurken, Heidel- und Preißelbeeren, unzählige Wiesenblumen und sonstige Gewächse keine oder sehr viel weniger Früchte tragen.

Die Früchte von heute sind aber die Pflanzen von morgen. Aus den Samen erwächst die nächste Generation. Dadurch, daß die Blüten Nektar abscheiden, ziehen sie die Insekten heran; diese finden den Köder, sie nehmen auch vom Überfluß des Blütenstaubes. Aber sie spielen nicht die Plünderer, denn während sie nehmen, geben sie auch, sie vollziehen die Bestäubung, sichern den Samenansatz und hiermit die Erhaltung der Art. Ein schönes Wechselverhältnis, und um so wunderbarer, als keiner von beiden Partnern weiß, was er tut.

4. Die Bienenbrut

Das junge Hühnchen, das aus dem Ei schlüpft, ist in mancher Hinsicht noch ein unentwickeltes Ding, aber im großen ganzen gleicht es doch den Eltern und hat wie diese schon seine Flügel, Beine und Augen. Aus dem Bienenei aber kommt ein kleines weißes Würmchen, das mit der Bienenmutter nicht die geringste Ähnlichkeit hat, ohne Kopf und ohne Augen, ohne Flügel und ohne Beine.

Das ist bei anderen Insekten ähnlich. Jenen weißen Maden, die bisweilen zum Schrecken der Hausfrau in einem vergessenen, bereits übelriechenden Stück Fleisch oder in allzu altem Käse auftauchen, sieht man es auch nicht an, daß sie sich später in Fliegen verwandeln, und wenn wir es nicht von Kind auf wüßten, könnten wir nicht ahnen, daß aus den Raupen Schmetterlinge werden.

Daß zwar Vögel geflügelt aus dem Ei schlüpfen, Insekten aber als ungeflügelte, oft wurmähnliche „Larven", hat einen guten Grund. Insekten tragen keine Knochen im Leib; sie besitzen stattdessen einen festen Hautpanzer, der aus Chitin (einem zellulose-ähnlichen Kohlehydrat) und Eiweiß besteht. Er verbindet Festigkeit mit großer Leichtigkeit. Beim Wachstum wird er von Zeit zu Zeit gesprengt, die Tiere, „häuten sich" und werden in wenigen

Stunden merklich größer, bis der neue Panzer erhärtet ist. Eine Häutung ist keine Kleinigkeit, denn der lebende Inhalt muß aus dem Panzerhemd heil hervorgezogen werden. Die flachen, breiten Flügel einer Biene oder eines Schmetterlings würden diesem Vorgang unüberwindliche Schwierigkeiten bereiten. Darum haben Insekten, solange sie wachsen, keine Flügel oder nur kurze Flügelstummel. Ist eine Bienenmade oder Schmetterlingsraupe herangewachsen, so wird sie zur Puppe. Dies ist ein Ruhestadium nach außen, aber ein Stadium des regen Umbaues und der Umgestaltung im Innern, bis auch die Puppe ihr Panzerhemd sprengt und das geflügelte Insekt bei dieser letzten Häutung zum Vorschein kommt. Dieses kann nicht mehr wachsen, denn es kann sich nicht mehr häuten. Es ist ein weit verbreiteter Irrtum, ein kleiner Käfer sei ein junger Käfer. Ein junger Käfer sieht aus wie ein gelber Wurm oder eine weißliche Made.

Doch, um nun bei den Bienen zu bleiben: Wenn man zu günstiger Jahreszeit und in einem geeigneten Beobachtungsbienenstock die Königin sucht, so findet man sie in der Regel damit beschäftigt, langsam, fast majestätisch auf den Waben herumzuspazieren und ihre Eier abzusetzen. Im Frühjahre kann eine leistungsfähige Königin in 24 Stunden etwa 1500 Eier legen, d. h. sie legt durchschnittlich Tag und Nacht jede Minute ein Ei. In Wirklichkeit hat sie ihre Ruhepausen, legt aber in der Zwischenzeit entsprechend rascher. Dabei sind die Bieneneier im Verhältnis gar nicht so sehr klein; jene 1500 an einem Tage abgelegten Eier haben, zusammengenommen, das gleiche Gewicht wie die ganze Königin. Man versteht, daß sie für anderweitige Beschäftigung nicht zu haben ist.

Bei der Eiablage verfährt die Königin so, daß sie zunächst ihren Kopf in eine Zelle steckt und sich überzeugt, daß sie leer und zur Aufnahme eines Eies geeignet ist (Abb. 21 a). Ist dies der Fall, dann senkt sie den Hinterleib in eben diese Zelle (Abb. 21 b), verweilt ein paar Sekunden ganz still, und wenn sie ihn wieder hervorzieht, erkennt man am Grunde der Zelle das längliche Ei. Die Königin aber ist schon auf der Suche nach einer Zelle für das nächste.

Nun darf man sich nicht vorstellen, daß sie hierbei wahllos auf allen Waben umherstreift und bald hier, bald dort ein Ei hineinsetzt. Das wäre auch für den Imker bedauerlich, denn er würde dann mit jeder herausgenommenen Honigwabe einen Teil der Brut vernichten. Es herrscht vielmehr eine bestimmte Ordnung, indem die Königin nur die vorderen und mittleren Waben des Bienenstockes und von diesen nur die mittleren Teile, nicht die Randbezirke, mit Eiern besetzt. So entsteht das „Brutnest", dessen ungefähre Ausdehnung in einem Bienenstock, z. Z. reichlichen

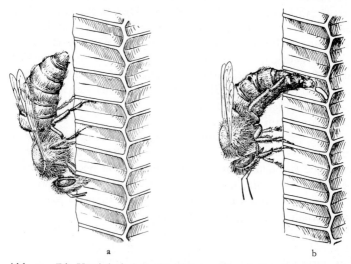

a   b

Abb. 21. Die Königin bei der Eiablage. a Eine Zelle wird untersucht, ob sie zur Aufnahme eines Eies vorbereitet ist. b Die Königin hat das längliche Ei soeben am Boden der Zelle abgesetzt und ist im Begriff, den Hinterleib wieder herauszuziehen

Nachwuchses, in der Skizze (Abb. 22) angegeben ist. Die schwarz ausgefüllten Zellen enthalten die Eier und die Maden der Bienen. Heben wir eine solche Wabe heraus, so finden wir also ihren mittleren Teil mit Brut besetzt (Abb. 23, 24). In den angrenzenden Zellen speichern die Arbeitsbienen Blütenstaub auf, so daß der Brutbereich gewöhnlich von einem Kranz von Pollenzellen (in Abb. 22 punktiert, in Abb. 23 und 24 mit P bezeichnet) umgeben ist, und in den Randteilen der Brutwaben, außerdem aber in den ganzen Waben, die vor und hinter dem Brutnest, bei vielen Stöcken auch über ihm gelegen sind, wird der Honig abgelagert (die weißen

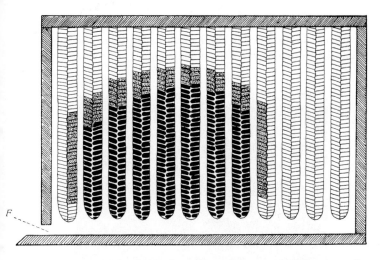

Abb. 22. Längsschnitt durch einen Bienenkasten samt Waben, um die Anordnung und Ausdehnung des Brutnestes zu zeigen; *schwarz* die Zellen, welche die Brut enthalten; *punktiert* die Zellen, die mit Blütenstaub angefüllt sind; *weiß* die Honigzellen. *F* Flugspalt

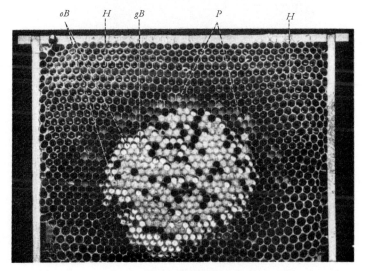

Abb. 23. Brutwabe.
oB offene Brut, *gB* gedeckelte Brut, *P* Pollen, *H* Honig

Zellen in Abb. 22). Die nur mit Honig gefüllten Waben sind es, die der Imker bei der Honigernte seinen Bienen wegnehmen kann. Doch darf er ihnen nicht alles nehmen, er muß abschätzen,

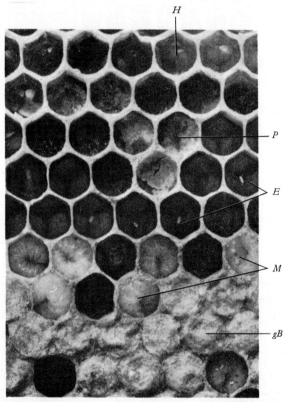

Abb. 24. Ausschnitt vom Rande eines Brutnestes. *E* Eier, *M* Maden, *gB* gedeckelte Brut, *P* Pollen, *H* Honig   (Photo E. Schuhmacher)

was das Volk als Wintervorrat braucht, und nur den Überschuß wird er sich zunutze machen.

Aus dem abgelegten Ei schlüpft nach drei Tagen die kleine weiße Made (Abb. 24). Sie wird sogleich in ihrer Zelle von den Arbeitsbienen mit Futter versorgt und entfaltet einen solchen Appetit, daß sie binnen 6 Tagen ihr gesamtes Wachstum vollendet. Die Abb. 25 zeigt, genau dem wirklichen Größenverhältnis entsprechend, den

Umfang des Bieneneies und der 6 Tage alten Made. Ihr Gewicht nimmt in diesen 6 Tagen um mehr als das 500fache zu. Das hieße, auf menschliche Verhältnisse übertragen, ein neugeborenes Kind hätte nach 6 Tagen ein Gewicht von 16 Doppelzentnern erreicht. Nun folgt das Stadium der äußeren Ruhe, in dem sich die Verwandlung der Made in die fertige Biene vollzieht. Die Arbeitsbienen bauen jetzt über die Zelle ein zartes, gewölbtes Deckelchen aus Wachs, und gleichsam als wollte sie auch ihrerseits betonen, daß sie ungestörte Ruhe braucht, webt die Made von

Abb. 25. a Bienenei, b Bienenmade sechs Tage nach dem Ausschlüpfen aus dem Ei. Beide Bilder 2fach vergrößert

innen her unter dieses Wachsdeckelchen noch ein dichtes Gespinst, entsprechend dem Kokon, den viele Schmetterlingsraupen vor ihrer Verpuppung anfertigen. Der Imker bezeichnet dieses

Abb. 27. Ausschlüpfende Bienen

Abb. 26. Eine gedeckelte Brutzelle längs aufgeschnitten, um die in ihr ruhende Puppe zu zeigen (Photo: E. Schuhmacher)

Stadium, im Gegensatz zur heranwachsenden „offenen Brut", als das der „gedeckelten Brut" (Abb. 23, 24). In der geschlossenen Zelle verpuppt sich die Made (Abb. 26), und 12 Tage nach dem

Beginn des Ruhestadiums, genau 3 Wochen nach der Ablage des Eies, wird der Deckel aufgebrochen und die fertige, geflügelte Biene steigt aus der Zelle heraus (Abb. 27).

Da die Königin vom zeitigsten Frühjahr bis zum Spätherbst Eier legt, findet man etwa von Anfang März ab, oft bis in den Oktober hinein stets Brut in allen Altersstadien. Mehr als tausend junge Arbeiterinnen kommen in den Sommermonaten täglich neu aus den Brutwaben heraus, ebenso groß ist freilich der tägliche Abgang an älteren Bienen, die ihre natürliche Lebensgrenze erreicht haben oder auf einem Sammelflug vorzeitig verunglücken. Die Brutzellen, aus denen Bienen ausgeschlüpft sind, werden von der Königin bald wieder mit Eiern beschickt.

Die Brutpflege der Arbeitsbienen beschränkt sich nicht auf die 6 Tage des Wachstums, in denen die Bienenmade gefüttert werden muß. Vom Ei bis zum Ausschlüpfen der Biene bedarf die Brut der Betreuung, denn sie braucht zu ihrer normalen Entwicklung eine gleichmäßige Wärme von 35° C, die im Bereich des Brutnestes von den Arbeitsbienen recht genau hergestellt und aufrechterhalten wird. Was das bedeutet, mag ein Seitenblick klar machen:

Der menschliche Körper behält seine normale Temperatur von 37° C, auf die alle seine Lebensvorgänge eingestellt sind, mit unbedeutenden Schwankungen Tag und Nacht, Sommer und Winter. Das ist nur durch eine dauernde Temperatur*regelung* möglich, die ohne unseren Willen und meist ohne unser Wissen in verwickelter Weise vor sich geht. Steigt die Körpertemperatur nur um Bruchteile eines Grades über das normale Maß, dann wird zur Steigerung der Wärmeabgabe die Haut stärker durchblutet — daher das rote Gesicht des Erhitzten —, die innere Heizung wird zurückgeschraubt, und wir beginnen zu schwitzen; durch das Verdunsten des Schweißes wird Wärme verbraucht und der Körper gekühlt. Sinkt die Körpertemperatur zu sehr, so wird durch andere Blutverteilung die Wärmeabgabe vermindert und die Wärmeerzeugung durch vermehrte Verbrennung von Fett und Zucker, den Heizstoffen des Körpers, gesteigert. Wenn wir zu zittern beginnen, so ist das nichts anderes als Muskelbewegung ohne Bewegungssinn, nur zur Erzeugung von Wärme.

Die Fähigkeit der Temperaturregelung haben wie die Menschen nur die Säugetiere und Vögel. Eine Eidechse aber ist heißblütig und lebhaft in der warmen Sonne, in der Kühle des Abends sinkt ihre Bluttemperatur und sie wird schläfrig und faul. Auch Insekten sind „wechselwarme" Tiere, die auf das schroffste von der Temperatur der Umgebung beeinflußt werden. Bienen nehmen eine gewisse Sonderstellung ein. Durch Steigerung des Stoffwechsels in ihrer Brustmuskulatur können sie ihren Körper sehr schnell, binnen wenigen Minuten, um einige Grade wärmer machen. Sie tun dies z. B. vor dem Ausfliegen. Freilich können sie, auf sich allein gestellt, in kalter Luft einen raschen Wärmeverlust nicht verhüten und schon bei 8—10° C werden sie steif und unbeweglich, wenn sie ein kühler Abend überrascht. Im Brutbezirk des Stockes aber, wo sie zu Tausenden beisammen sind, halten sie eine gleichmäßige Temperatur von fast genau 35° C aufrecht. Bei der geringsten Unterkühlung heizen sie ihren Körper auf, wobei sie bisweilen bis um 10° wärmer werden als ihre Umgebung und als lebendige Öfchen die erzeugte Wärme an sie abgeben. Zudem drängen sie sich auf den Brutwaben dicht aneinander und bedecken die Zellen mit ihren Körpern wie mit Federbettchen. An heißen Tagen aber lockert sich die Gesellschaft auf und wenn die Wärme trotzdem zunimmt, tragen sie Wasser ein (denn schwitzen können sie nicht), breiten eine zarte Wasserhaut über den Wabenbau und befördern deren Verdunstung durch Fächeln mit den Flügeln. Die Öfchen haben sich in Ventilatoren verwandelt, die einander die überwärmte Luft zuwerfen und sie zum Flugloch hinaustreiben. Ein sicheres Empfinden für den gegebenen Wärmegrad und eine wohlorganisierte Zusammenarbeit im Volk sind die Voraussetzungen für diese wunderbare Leistung.

Wir haben bisher von der Bienenbrut schlechtweg gesprochen und dabei nicht beachtet, daß ja die dreierlei Wesen, die wir im Volk gefunden haben: Königin, Drohnen und Arbeiterinnen, aus der Brut hervorgehen müssen. Die vorhin gemachten Angaben über die Entwicklungszeit gelten tatsächlich nur für die Arbeitsbienen. Die Königin braucht etwa 5 Tage weniger, die Drohne etwa 3 Tage länger, um aus dem Ei zur fertigen Biene zu werden.

Ob aus einem Ei eine Arbeitsbiene oder eine Königin wird, das bewirken die pflegenden Arbeiterinnen. Ihresgleichen ziehen sie in den gewöhnlichen, engen Wabenzellen heran; für jene wenigen

Larven, die Königinnen werden sollen, bauen sie viel geräumigere Zellen, die Weiselwiegen (Abb. 28) — so genannt, weil die Königin in der Imkersprache auch der „Weisel" heißt. Ausschlaggebend aber für das Schicksal der heranwachsenden weiblichen Made ist ihre Ernährung. Arbeiterinnen-Larven erhalten in ihren ersten Lebenstagen „Futtersaft", das ist die nährstoffreiche Absonderung umgewandelter Speicheldrüsen, die hier denselben Dienst tun wie die Milchdrüsen bei den Säugetieren. Älter geworden, vertragen sie eine gröbere Kost und bekommen zusätzlich auch Blütenstaub und Honig. Die Larve, die zur Königin werden soll, wird ausschließlich mit Futtersaft ernährt, der ihr reichlicher geboten wird als den anderen Maden. Jedoch nicht die *Menge* des Futters ist dafür entscheidend, daß sich die Larve zur Königin entwickelt, sondern ausschließlich ein bestimmter Wirkstoff aus einer Drüse, den die brutpflegenden Bienen *nur* dem Weiselfuttersaft in winziger Menge zusetzen. Man wüßte gar zu gern die chemische Natur dieses Zaubermittels. An einem kleinen Tröpfchen Futtersaft kann man sie nicht erforschen. Die Imker verstehen es aber, ein Bienenvolk durch geeignete Maßnahmen dahin zu bringen, daß es an die 50 Weiselzellen gleichzeitig anlegt und mit Futtersaft versorgt. Bei solcher Massenzucht von Königinnen lassen sich aus *einem* Volk etwa 25 Gramm Weiselfuttersaft gewinnen. Aus 5 *Kilo*gramm des kostbaren Saftes konnten etwa 5 *Milli*gramm (5 tausendstel Gramm) des Wirkstoffs in gereinigter und konzentrierter Form erhalten werden. Hiermit ließen sich bei künstlicher Aufzucht junger Larven im Brutschrank — unter vollem Verzicht auf pflegende Arbeitsbienen — mit eigener Hand und ganz nach Wunsch vollwertige Königinnen oder Arbeiterinnen aus ihnen machen, indem man eine Spur des Wirkstoffes entweder zusetzte oder nicht. Sein

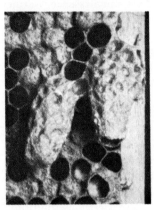

Abb. 28.
Wabenausschnitt mit *zwei Weiselzellen,* in welchen je eine Königin herangezogen wird

chemischer Aufbau ist freilich noch nicht ganz geklärt, doch hofft man ihn bald zu ergründen.

Da die Bienenkönigin 4—5 Jahre alt wird, während das Leben der Arbeiterinnen nach Wochen, bestenfalls nach Monaten zählt, so denken manche Menschen, sie könnten durch den Genuß von Futtersaft aus Weiselwiegen vielleicht ihr Erdendasein um einiges verlängern. Entsprechende Präparate sind heute als Königin-Futtersaft *(Gelée Royale)* erhältlich — gewiß zum guten Nutzen für die Hersteller und Verkäufer. Ob auch zum Nutzen der Verbraucher, darüber sind die Ansichten noch geteilt.

Königin und Arbeiterin sind weibliche Wesen. Ob ein solches oder eine männliche Biene (Drohne) aus einem Ei hervorgeht, das entscheidet die Königin im Augenblick der Eiablage. Hiermit hat es folgende Bewandtnis:

In ihren ersten Lebenswochen wird die Königin auf ihren „Hochzeitsflügen" von Drohnen begattet. Von da ab hat sie für ihr ganzes Leben in einem Bläschen ihres Hinterleibes, dem

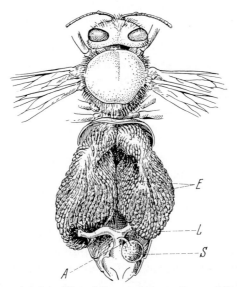

Abb. 29. Bienenkönigin, Hinterleib von oben geöffnet und die Eierstöcke etwas seitlich auseinandergelegt. *E* Eierstöcke, *L* Eileiter (Ausführgang der Eierstöcke), *S* Samenbehälter, *A* Ausführgang des Samenbehälters

Samenbehälter, männliche Keimzellen, die da mehrere Jahre lebendig und gebrauchsfähig bleiben. Die Blase steht durch einen dünnen Kanal mit dem Gang in Verbindung, durch welchen die Eier abgelegt werden (vgl. Abb. 29). Durch einen höchst genau arbeitenden Mechanismus kann nun die Königin, wenn hier ein Ei vorbeigleitet, einige Samenfäden aus jener Blase austreten lassen,

dann wird das Ei befruchtet. Oder sie unterläßt dies, dann wird das Ei unbefruchtet abgelegt. Aus den unbefruchteten Bieneneiern werden Männchen, aus den befruchteten aber weibliche Tiere, also Königinnen oder Arbeiterinnen (diese merkwürdige Art der Geschlechtsbestimmung gibt es auch bei einigen anderen Insekten). Nur ausnahmsweise, bei starker Inzucht, kann sich auch ein Teil der befruchteten Eier zu Drohnen entwickeln. Das hat man lange nicht bemerkt, bis man dahinter kam, daß die Arbeitsbienen jene Larven, die sich regelwidrig zu Männchen entwickeln, erkennen und kurzerhand auffressen.

Abb. 30. Ausschnitt aus einer Brutwabe. Oben Zellen zur Aufzucht von Arbeitsbienen, unten die größeren Drohnenzellen (Photo: Dr. Rösch)

Wenn auch die Entstehung von Drohnen auf die Ablage unbefruchteter Eier durch die Königin zurückzuführen ist, so müssen für die Aufzucht der größeren Drohnenlarven entsprechend große Zellen zur Verfügung stehen (Abb. 30). Erst müssen solche Drohnenzellen gebaut sein, dann belegt sie die Königing mit unbefruchteten Eiern — so haben auch hier die Arbeitsbienen die Führung und die Königin ist ihr Werkzeug. Doch darf man darüber nicht vergessen, daß allein schon die Anwesenheit der Königin für den Fortbestand eines Volkes von elementarer Notwendigkeit ist. Und es ist dafür gesorgt, daß alle Stockgenossen stets wissen, ob sie da ist oder nicht. Diese Kenntnis verdanken sie der „*Königinnensubstanz*". Darunter versteht man ein Duftstoffgemisch, das von Drüsen der Königin erzeugt wird und zum Teil in seiner chemischen Zusammensetzung bekannt ist. Bei der Pflege der Königin werden diese Stoffe von ihrem Körper abgeleckt und bei der ständigen wechselseitigen Fütterung der Arbeitsbienen von Mund zu Mund verteilt, so daß sie schnell Gemeingut des Volkes werden. Obwohl nur in Spuren vorhanden, haben sie eine bedeutende Wirkung: die Königinnensubstanz fördert den Zusammenhalt des Volkes, unterdrückt zugleich die Eientwicklung der Arbeiterinnen und hemmt ihren Trieb, Weiselzellen zu bauen. Wenn ein Volk durch ein Mißgeschick seine Königin verliert, wird das durch die Abnahme der Königinnensubstanz oft schon binnen 5—6 Stunden der Gesamtheit „bekannt". Dann fallen jene Hemmungen weg, es werden Zellen mit jungen Arbeiterinnenlarven in Weiselzellen umgebaut und wenn alles gut geht, können aus jenen rechtzeitig neue Königinnen herangezogen werden. In der Regel übernimmt die zuerst geschlüpfte die Nachfolge, die übrigen werden von ihr oder von den Arbeiterinnen umgebracht.

5. Der Bienenschwarm

Das Frühjahr, die Zeit des Blühens und des reichsten Futtersegens, ist auch die Zeit des stärksten Brutansatzes. Bei der raschen Entwicklung der Maden führt das eifrige Eierlegen der Königin zu einer schnellen Vermehrung der Bienen und hierdurch zu einem raschen Erstarken des Volkes, aber nicht unmittelbar zu einer Vermehrung der Völker, denn jedes Bienenvolk ist ja mit seiner Königin ein geschlossener „Staat" und aus der Brut wächst nur die Zahl der Bürger.

Es müssen sich aber auch die Völker als solche vermehren. Denn nicht selten geht eines durch Krankheit, durch Hungersnot nach einem schlechten Sommer oder durch sonstiges Mißgeschick zugrunde, und würden nicht andererseits neue Völker entstehen, so gäbe es bald keine Bienen mehr.

Ein neuer Stock braucht eine neue Königin; erst wenn für diese gesorgt ist, kann sich das Volk als solches vermehren, und dies vollzieht sich durch das „Schwärmen" der Bienen.

Die Vorbereitung geschieht in aller Stille. Zumeist im Mai legen die Arbeiterinnen einige Weiselzellen an und züchten in diesen die jungen Königinnen heran (s. S. 30). *Eine* würde zumeist genügen, aber es kann ihr ein Unglück zustoßen. Die Natur kennt keine Zartfühligkeit. So werden ein halbes Dutzend oder mehr Königinnen herangezogen, von denen später die Überflüssigen gewaltsam entfernt werden.

Abb. 31. Ein Bienenschwarm sammelt sich am Ast eines Kastanienbaumes um seine Königin. *S* der sich anlegende Schwarm (Photo: Dr. Rösch)

Etwa eine Woche, bevor die erste junge Königin aus ihrer Zelle schlüpft, schwärmt das Volk. Wieder geht der Anstoß von den Arbeiterinnen aus. Schon seit einigen Tagen hat ihre Tätigkeit etwas nachgelassen. Bei einem starken Volk lagern sie in dicken Klumpen vor dem Flugloch. Mit einem Male geraten sie in Aufregung, und in einem tollen Wirbel durcheinander fliegend erhebt sich eine Wolke von Bienen in die Lüfte. Etwa die Hälfte der Stockbewohner, mit ihnen die alte Königin, verlassen ihre Behausung.

Zunächst fliegen sie nicht weit. An einem Baumast oder dergleichen sammelt sich die Bienenwolke (Abb. 31) und setzt sich um die Königin herum zu einer dichten „Schwarmtraube" zusammen (Abb. 32). Jetzt ist der Moment, wo der wachsame Imker den Schwarm mit geringer Mühe in eine leere Bienenwohnung bringt

Abb. 32. Der Schwarm hat sich am Ast um die Königin gesammelt und bildet die „Schwarmtraube" (Photo: Dr. Rösch)

und sich ihn sichert. Zaudert er zu lange, dann ist ihm der Schwarm verloren. Denn während dieser in stiller Muße am Aste hängt, sind Kundschafter („Spurbienen") eifrig am Werke, um eine geeignete Unterkunft ausfindig zu machen, etwa einen hohlen Baum oder einen leeren Bienenkasten auf einem oft weit entfernten Stand. Sie machen jetzt den Schwarm mobil und schicken ihn von seiner ersten Raststätte fort, die Schwarmtraube löst sich auf und zieht wieder als Wolke dahin, von den Spurbienen in ihr neues Heim gewiesen.

Abb. 33a. Drohnenanflug gegen eine am Faden F befestigte fliegende Königin. Die Drohne am weitesten links kehrt den Rücken, weil sie eben eine scharfe Kurve fliegt. (Photo: Norman E. Gary)

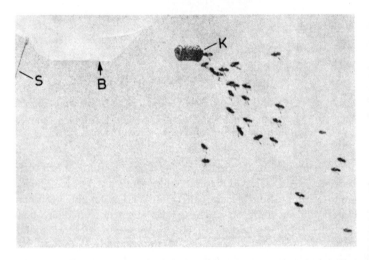

Abb. 33b. Drohnenanflug gegen eine Königin im Käfig K; dieser hängt an einem (im Bilde nur teilweise sichtbaren) kleinen Fesselballon B, der etwa 10 m über dem Boden schwebt. S Ballonschnur. (Nach F. Ruttner)

Im alten Stock sind die zurückgebliebenen Bienen nun ohne Oberhaupt. Aber nach wenigen Tagen schlüpft die erste von den jungen Königinnen aus. Jungfräulich der Zelle entstiegen, bedarf sie der Begattung, bevor sie mit der Eiablage beginnt. Drohnen sitzen zwar mehr als genug für eine Königin auf den Waben herum, aber im Inneren eines Bienenstockes interessieren sich beide überhaupt nicht füreinander. Das ist gut so, dann es würde zu schädlicher Inzucht führen. Eine Woche nach dem Verlassen ihrer Brutzelle, bei schlechtem Wetter auch später, unternimmt die Königin den *Hochzeitsflug* und vereint sich in den Lüften mit einer Drohne, in der Regel sogar mit mehreren nacheinander.

Dieses Schauspiel der Begattung zu beobachten, blieb ein kaum erfüllbarer Wunschtraum der Imker wie der Gelehrten, bis ein solcher auf den Gedanken kam die heiratslustige Königin an einem Nylonfaden gefesselt fliegen zu lassen. Dann dauerte es manchmal nur Minuten, bis eine Gruppe Drohnen angeflogen kam (Abb. 33a), ja oft waren es deren Dutzende oder Hunderte, und wenn sie sich durch den Faden nicht stören ließen, vollzog sich die Hochzeit vor den Augen des Beobachters.

Angelockt werden die Drohnen teils durch den Anblick der Königin gegen den hellen Himmel, vor allem aber durch einen Mundgeruch der Königin, der aus ihren Kieferdrüsen stammt, und durch spezielle, nur der Königin eigene Duftdrüsen an ihrem Hinterleib. Die Drohnen fallen auch über ein Wattebäuschchen her, wenn man es mit den Duftstoffen tränkt und an einem Ballon hochsteigen läßt. In Abb. 33b fliegen sie den Käfig an, in dem eine Königin sitzt.

Bei solchen Versuchen kommen die Drohnen an gewissen Stellen schnell und regelmäßig, an anderen selten oder gar nicht. Sie sind nicht überall, sie haben ihre Sammelplätze in der freien Luft, beschränkte Areale von etwa 50—200 Meter im Durchmesser, oft 1—4 km weit, selten bis 7 km vom nächsten Bienenstand entfernt und jedes Jahr wieder an den gleichen Stellen, wo sie auf das Eintreffen von Königinnen warten und diese sie auffinden. Übrigens wissen davon auch Hirten und anderes Landvolk, denn alljährlich ist dort zur gegebenen Zeit das Summen der kreisenden Drohnen auch am Boden gut zu hören.

Beim Aufsuchen der Drohnensammelpätze richten sich die Bienen nach gewissen Geländemarken; sie streben dahin, wo sich rundum am Horizont der tiefste Einschnitt bietet. In flachem Gelände, ohne deutliche Horizontmarken, scheinen aus diesem Grunde Sammelplätze zu fehlen.

Die Fähigkeit, die Lage der Drohnensammelplätze nach Horizontmarken zu finden, ist den Bienen im Erbgut mitgegeben.

So etwas ist nicht ungewöhnlich. Auch viele andere Tiere legen zur Fortpflanzungszeit weite Strecken zurück, um an markanten Stellen, die sie nicht aus früherer Erfahrung kennen, die Geschlechtsgenossen zu treffen.

Die Königin kann den Hochzeitsflug an den folgenden Tagen wiederholen. Hernach aber wird sie die tugendsame Bienenmutter, die nie mehr das Heim verläßt — es sei denn, daß sie zu einem späteren Zeitpunkt, durch eine junge Königin entthront, mit einem neuen Schwarm zum Flugloch hinauseilt.

Und was ist aus den Königinnen in den anderen Weiselzellen geworden? Wenn das Volk in diesem Jahr nur *einen* Schwarm entläßt, dann leben sie nicht mehr. Die zuerst geschlüpfte Königin hat alle anderen Weiselzellen aufgebissen und persönlich ihre Schwestern erstochen, gleichgültig, ob sie schon geschlüpft, oder noch als Puppen in ihren Wiegen ruhten. Dann haben Arbeiterinnen die Weiselzellen abgetragen und die Leichen aus dem Stock geschafft. Wenn die „Stimmung" des Volkes aber einen weiteren Schwarm plant, dann schützen die Arbeiterinnen die übrigen Weiselzellen vor den Angriffen der Königin. Die zum Schlüpfen bereiten Jungköniginnen verlassen ihre Weiselwiegen nicht. Denn die freie Königin im Stock würde sofort über sie herfallen. Sie strecken nur ihren Rüssel durch einen kleinen Schlitz ihrer Zellen und werden so von den Arbeiterinnen gefüttert. Ein eigenartiger Wechselgesang ertönt jetzt im Bienenstock. Die freie Königin läßt ein „Tüten" hören, und auch die Eingeschlossenen geben gleichartige Lautäußerungen von sich, die aus ihrem Gefängnis wie ein dumpfes „Quak", „Quak" heraustönen. Der Imker sagt, die Quakerinnen fragen an, und so lange sie ein Tüten zur Antwort bekommen, hüten sie sich, den Schutz ihrer Zellen zu verlassen. Bienen können zwar nicht „hören" wie wir, und das „Tüten" vom „Quaken" nicht unterscheiden. Aber durch ihren fein entwickelten Tastsinn sind sie imstande, jene Lautäußerungen wahrzunehmen und wenn man die Töne künstlich erzeugt, kann man sich im Wechselgesang eines Frage- und Antwort-Spieles mit einer Bienenkönigin unterhalten. Auch geruchliche Reize sind wahrscheinlich daran beteiligt, daß die jungen Königinnen vom vorzeitigen Schlüpfen abgehalten werden. Jedenfalls merken sie es in ihren Zellen, wenn die Rivalin mit einem neuen Schwarm davongezogen ist. Dann schlüpfen sie aus ihren Wiegen. Eine bleibt als Stockmutter im Volk, die anderen werden gemordet.

Bisweilen gehen noch mehr Schwärme ab, und entsprechend mehr Königinnen treten in ihre Rechte. Andererseits kann ein Volk bei ungünstiger Witterung oder schlechtem Ernährungszustande das Schwärmen ganz unterlassen.

6. Die Drohnenschlacht

Noch vor den Weiselzellen haben die Arbeiterinnen Drohnenzellen gebaut, aus denen etwa Anfang Mai die ersten Drohnen ausschlüpfen, „gefräßig, dick und faul und dumm" nach Wilhelm Busch. Sie beteiligen sich nicht am Einsammeln der Nahrung; es fehlt ihnen der Sammeltrieb wie auch das nötige Gerät, das Bürstchen und Körbchen; sie lassen sich in aller Bequemlichkeit von den Arbeiterinnen füttern. Ihr Gehirn ist kleiner als das der Arbeiterin oder Königin, an der geistigen Minderwertigkeit des männlichen Geschlechtes ist hier nicht zu zweifeln. Der einzige Daseinszweck der Drohnen ist die Begattung der Königin. Obwohl die Königin nur eine oder wenige Drohnen braucht, erzeugt ein Volk viele hundert, von denen fast alle ihr Lebensziel verfehlen — wie die Natur so manches in verschwenderischer Fülle schafft und dann verkommen läßt.

An schönen Tagen fliegen sie zu ihren Sammelplätzen und warten auf eine Königin. Oft finden sie nicht in ihren Heimatstock zurück und kehren beim nächstbesten Bienenvolke ein, überall gastlich aufgenommen, solange es noch Schwärme gibt. Aber wenn die Zeit der jungen Königinnen vorüber ist und mit dem Hochsommer die Blumenquellen spärlicher zu fließen beginnen, ändert sich die Einstellung der Arbeitsbienen gegen die überflüssig gewordenen dicken Stockgenossen. Die sie bisher gefüttert und gepflegt, beginnen sie jetzt zu rupfen und zu beißen, sie zwicken sie, wo sie ihrer habhaft werden, mit ihren festen Kiefern, packen sie an Fühlern oder Beinen und suchen sie von den Waben wegzuzerren, dem Ausgang des Stockes zu. Deutlicher kann man nicht sein. Aber die Drohnen, unfähig, ihre Nahrung selbst zu finden, sind dem Verhungern preisgegeben, wenn sie aus dem Stock vertrieben werden. So suchen sie hartnäckig immer wieder einzudringen, um mit neuen Bissen, ja mit giftigen Stichen von seiten der Arbeiterinnen empfangen zu werden, denen sie sich wehrlos hingeben; denn die Drohnen haben weder einen Giftstachel noch die geringste kriegerische Veranlagung. So finden sie eines Sommertages, vertrieben und verhungert oder erstochen, ein unrühmliches Ende an den Pforten der Bienenwohnungen. Das ist die „Drohnenschlacht". Keine plötzliche Aufwallung, keine Bartholomäusnacht, wie sie die Bienenpoeten gerne schildern, sondern eine allmählich beginnende Feindseligkeit der Arbeiterinnen, die sich durch Wochen hinzieht und steigert, bis die letzte Drohne tot ist.

Von da an bis zum nächsten Frühling sind die Weiblein im Bienenvolke unter sich und halten einen ungestörten Frieden.

7. Die Arbeitsteilung im Bienenstaate

Es war schon kurz davon die Rede, daß im Bienenvolk eine Arbeitsteilung besteht. Die einen sorgen für Sauberkeit, andere pflegen die Brut, wieder andere bauen die Waben oder schaffen die Nahrung herbei. Man ist versucht, Vergleiche anzustellen und denkt an Putzfrauen und Kindermädchen, Baumeister und Landwirte in der menschlichen Gesellschaft — doch besteht in der Art der Arbeitsteilung ein wesentlicher Unterschied: wer sich bei uns zu einem Beruf entschließt, behält ihn in der Regel bis an sein Lebensende bei. Arbeitsbienen aber pflegen ihre Tätigkeit mit fortschreitendem Alter mehrmals zu wechseln.

Um das im einzelnen zu ergründen und den Lebenswandel bestimmter Individuen im Gewühle ihrer Stockgenossen zu verfolgen, braucht man neben einer guten Portion Geduld auch einige technische Behelfe.

Der Beobachtungsstock und das Numerieren der Bienen

Ein Bienenstock ist eine finstere Kiste. Will man den Inwohnern zusehen, so benützt man einen Beobachtungsstock, dessen

Waben nicht wie üblich hintereinander angeordnet sind (vgl. Abb. 5, S. 6), sondern nebeneinander, so daß man durch Glasfenster die Bienen dauernd im Auge behalten kann (Abb. 34). Ferner muß man die Tiere, deren Lebenslauf man verfolgen will, eindeutig kennzeichnen, am besten: *numerieren*. Das geschieht mit Malerfarben, die mit alkoholischer Schellacklösung angerührt werden. Ein weißer Fleck am Bienenrücken *vorne* bedeutet 1, ein roter daselbst 2, ein blauer 3, ein gelber 4, ein grüner 5.

Abb. 34. Beobachtungsbienenstock, nach Entfernung des seitlichen Schutzdeckels. Man sieht durch die Glasfenster auf die nebeneinanderstehenden Waben. Die Bienen können unter den Holzleisten, die als Fensterrahmen dienen, ungehindert von einer Wabe zur anderen laufen

Die gleichen Farben am *hinteren* Ende des Bruststückes bedeuten: weiß 6, rot 7, blau 8, gelb 9, grün o. Durch Nebeneinandersetzen zweier Tupfen schreiben wir zweistellige Zahlen, z. B. weiß-rot am Vorderrande der Brust = 12, rot links vorne und gelb rechts hinten = 29 usw. Farbtupfen auf dem Hinterleib geben die Hunderter an — so kommen wir mit unseren fünf Farben schon bis 599 und können dieses Ziffernsystem bei Bedarf leicht noch weiter ausgestalten. Es hat den Vorteil, daß es sich bei etwas Übung so sicher ablesen läßt wie geschriebene Zahlen, wobei man die leuchtenden Farbenflecke selbst an fliegenden Bienen schon aus einiger Entfernung erkennen kann.

Was man auf solche Art in vieljähriger Beobachtung gefunden hat, soll im folgenden kurz geschildert werden.

Die Tätigkeit der Bienen in verschiedenen Lebensaltern

Das Leben der Arbeitsbiene, vom Ausschlüpfen aus der Zelle bis zu ihrem Tode, läßt sich in 3 Abschnitte einteilen:

Im ersten Lebensabschnitt (vom 1. bis etwa 10. Lebenstag) beschäftigt sie sich als *Hausbiene* im Inneren des Stockes. Man sieht sie mit dem Kopf voran in Zellen kriechen, die durch das Ausschlüpfen anderer Bienen frei geworden sind; sie werden gereinigt und für die Aufnahme eines neuen Eies vorbereitet. Die Jungbienen halten sich auch auf den Brutzellen auf, um sie vor Abkühlung zu schützen, und verbringen im übrigen viel Zeit untätig, indem sie still sitzen oder gemächlich auf den Waben umherspazieren. Wir werden noch hören, daß auch dieser Müßiggang zum Segen der Gesamtheit beiträgt.

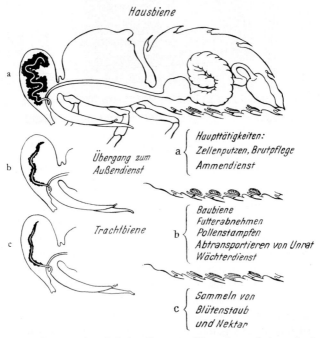

Abb. 35. Schema der Arbeitsteilung. a Biene im 1. Lebensabschnitt, Futtersaftdrüse (im Kopf) auf der Höhe der Entwicklung, b im 2. Lebensabschnitt sind die Wachsdrüsen (am Bauch) auf der Höhe der Entwicklung, c 3. Lebensabschnitt, Futtersaft- und Wachsdrüsen rückgebildet

Nach wenigen Tagen gelangt im Kopf der Biene jene Futtersaftdrüse zu mächtiger Entfaltung, von der schon auf S. 30 die Rede war. Hiermit wird sie für die Hauptaufgabe ihres ersten Lebensabschnittes reif, für ihre Tätigkeit als Brutamme. Die Eiweißstoffe der Nährdrüsen stammen aus den Pollenvorräten des Stockes, die von den Brutammen zur Erzeugung der „Muttermilch" in Menge verzehrt und verdaut werden.

Die Betreuung der Jugend macht nicht wenig Arbeit! Zur Aufzucht einer einzigen Larve erhält eine Brutzelle 2000 bis 3000 Besuche von seiten der pflegenden Bienen. Wenn man zusammenzählt, wieviel Zeit eine einzige Pflegerin hierbei aufzuwenden hat, so kommt heraus, daß die Dauer ihrer Tätigkeit als Brutamme eben ausreicht, um 2 bis 3 Larven großzuziehen.

Gegen das Ende dieses Lebensabschnittes verläßt die Biene zum erstenmal den Stock und macht einen *Orientierungsflug*. Schon nach etwa 5 Minuten ist sie wieder daheim. Aber sie hat sich in dieser Zeit gut umgesehen, hat sich die Umgebung eingeprägt und findet, wenn man sie fängt und fortträgt, bereits aus Entfernungen von mehreren hundert Metern nach Hause. In weiteren Orientierungsflügen verbessert sie ihre Ortskenntnis, und so kann sie nun auch Verrichtungen übernehmen, die außerhalb des Stockes liegen.

Im *zweiten Lebensabschnitt* (etwa 10. bis 20. Lebenstag) findet mit der Rückbildung der Futtersaftdrüsen die Ammentätigkeit ein Ende. Indessen pflegen nun die Wachsdrüsen auf die Höhe ihrer Entfaltung zu kommen (vgl. Abb. 35). Sie bilden die Grundlage für die Bautätigkeit. Weitere Aufgaben dieser Altersstufe sind: den eingetragenen Nektar zu übernehmen, zu verarbeiten und in die Vorratszellen zu füllen, oder die von den Pollensammlerinnen in die Zellen abgestreiften Höschen mit den Kiefern festzudrücken. Auch muß der Stock sauber gehalten werden und diese Arbeit führt hinaus ins Freie. Abfälle aller Art, aber auch die Leichen gestorbener Stockgenossen werden gepackt, im Flug eine Strecke weit weggetragen und dann fallen gelassen.

Gegen das Ende dieses Lebensabschnittes widmen sich manche Bienen dem Wächterdienst am Flugloch. Aufmerksam prüfen sie die einpassierenden Bienen mit ihren Fühlern, wehren die frechen Wespen und andere Honigräuber ab und stürzen zu blitzartigem

Angriff hervor, wenn etwa ein Mensch oder ein Pferd ihrer Siedlung zu nahe kommt[1].

In ihrem *dritten Lebensabschnitt* (etwa 20. Lebenstag bis zum Tode) ist die Biene Sammlerin. Sie fliegt auf Tracht aus, um an den Blumen Nektar oder Blütenstaub zu holen. Bei schlechtem Wetter, das ein Ausfliegen verbietet, kehren die Sammlerinnen selten zu häuslicher Arbeit zurück. Sie warten lieber auf bessere Zeiten. Das Sprichwort vom „Bienenfleiß" ist aufgekommen, weil man gewöhnlich nur die *sammelnden* Bienen sieht. Wer auch das Leben *im Innern des Stockes* beobachtet, wird bald erkennen, wieviel Zeit dem Nichtstun gewidmet ist.

Das Alter der Bienen

Der Leser mag erwarten, daß der Biene, die in ihren letzten Lebensabschnitt eingetreten ist, nun viele Wochen des Sammelns und Blütenfluges bevorstehen. Aber das Bienenleben ist kurz, und die Arbeiterin, die zu sammeln beginnt, hat die größere Hälfte ihres Lebens hinter sich. Im Frühling und Sommer werden die Arbeitsbienen selten älter als 4 bis 5 Wochen, vom Zeitpunkt des Ausschlüpfens aus der Brutzelle gerechnet. Viele gehen schon früher zugrunde, denn auf ihren Sammelflügen sind sie reichlichen Gefahren ausgesetzt, und nicht ohne tieferen Sinn steht diese Periode am Ende ihrer Tätigkeit.

Anders ist es mit den Bienen, die im Spätsommer und im Herbst ausschlüpfen. Diese Winterbienen erreichen ein Alter von mehreren Monaten. Sie verdanken die Verlängerung ihrer Lebenszeit

---

[1] Der Giftstachel ist mit kleinen Widerhaken versehen, er kann daher nach dem Stich aus der Haut nicht zurückgezogen werden und reißt ab, wobei das Hinterleibsende an ihm hängen bleibt; die Biene geht an der Verletzung zugrunde. Das ist keine törichte Grausamkeit der Natur, wie mancher denkt, sondern es hat einen guten Sinn: in der abgerissenen Hinterleibsspitze ist der Nervenknoten, der die Stechtätigkeit regelt, und ist auch die Giftdrüse enthalten und mit dem Stachel in Verbindung geblieben. Der Stechapparat ist daher auch abgetrennt noch durchaus lebendig. Wenn man ihn nicht sofort herausieht, pumpt er noch geraume Zeit neues Gift in die Wunde und wird so erst recht zu einer wirksamen Waffe gegen überlegene Feinde. Für den volkreichen Bienenstaat bedeutet der Verlust von einigen unfruchtbaren Weibchen keinen merklichen Schaden. — Viel häufiger wird aber der Stachel gegen Artgenossen oder andere *Insekten* gebraucht. Aus ihrem spröden Chitinpanzer, der ihn nicht festhält wie die elastische Haut der Wirbeltiere, kann er leicht wieder zurückgezogen werden. Ein siegreicher Kampf gegen ihresgleichen hat also für die Biene keine bösen Folgen.

dem Umstand, daß sie sich zwar im Herbst an den im Stock angesammelten Pollenvorräten mästen können, aber die in ihrem Körper gespeicherten Reserven nicht verbrauchen, weil sie zu dieser Jahreszeit keine Brut mehr zu pflegen haben. So überdauern sie den Winter wohlgenährt in stiller Beschaulichkeit. Wenn das Frühjahr naht und die Königin mit neuer Eiablage beginnt, haben sie immer noch ihren Fettwanst und sind mit entwickelten Futtersaftdrüsen zur Brutpflege bereit.

Am längsten lebt die Königin, die durch 4 bis 5 Jahre ihre Mutterpflicht erfüllen kann.

Eingriff in die Lebensordnung — ein Störungsversuch ohne Erfolg

Der Wechsel in den Tätigkeiten der Arbeitsbiene im Laufe ihres Lebens scheint in offensichtlichem Zusammenhang mit

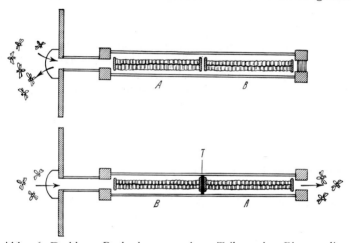

Abb. 36. Drehbarer Beobachtungsstock zur Teilung eines Bienenvolkes in junge und alte Tiere (horizontaler Längsschnitt in der Höhe des Flugloches). Erklärung im Text. (Nach G. A. Rösch)

ihrem körperlichen Zustand zu stehen. Sie wird Brutamme, wenn ihre Speicheldrüsen voll entwickelt sind; sie wendet sich anderen Beschäftigungen zu, sobald diese Drüsen sich zurückbilden und die „Muttermilch" versiegt; sie wird Baubiene, wenn die Wachsdrüsen auf der Höhe ihrer Ausbildung stehen. Ist hier tatsächlich die zeitlich festgelegte Entwicklung der Organe der Anlaß für die

Entfaltung der Triebe? Bleibt deren Reihenfolge unabänderlich, auch wenn die Lage des Bienenvolkes etwas anderes erfordert?

Zur Entscheidung dieser Fragen kam ein kleines Volk in einen Beobachtungskasten mit zwei Waben A und B und mit zwei Fluglöchern, von denen eines vorerst verschlossen blieb (oberes Bild in Abb. 36, S: 45). Im Verlaufe von 8 Wochen wurden mehr als 1000 frisch geschlüpfte Einzelbienen numeriert. Ihr Alter war also genau bekannt. Eines Tages wurden alle Bienen, die sich auf der Wabe B aufhielten, nach A hinübergetrieben. Darauf wurde eine schon vorbereitete Trennungswand *(T)* zwischen beiden Waben eingezogen, der Stock um 180° gedreht und das zweite Flugloch geöffnet (unteres Bild in Abb. 36). Die jungen, noch nicht ausfliegenden Bienen blieben natürlich in der Abteilung A, die Flugbienen aber verließen den Stock im Laufe der nächsten Stunden des sonnigen Vormittags und nahmen bei der Heimkehr den altgewohnten Weg, der sie nun in die Abteilung B führte. So vollzog sich in Kürze die Trennung in ein „Jungvolk" in A und ein „Altvolk" in B. Das *Jungvolk* hatte keine Trachtbienen. Niemand war da, um Futter herbeizuschaffen. Die geringen Vorräte waren rasch verbraucht. Nach zwei Tagen bot sich ein trauriges Bild: Ein Teil der Bienen lag verhungernd am Boden, ein Teil der Larven wurde in der Not aus ihren Zellen gezerrt und ausgesogen. Da kam am dritten Tag die überraschende Wendung. Entgegen allem Brauch flogen jugendliche, nur 1 bis 2 Wochen alte Bienen auf Tracht aus und kehrten beladen heim. Durch die volle Entwicklung der Speicheldrüsen waren sie zu Brutammen gestempelt. Aber nicht ihre körperliche Verfassung, sondern das Bedürfnis des Volkes gab den Ausschlag; ihre Drüsen fügten sich und verkümmerten in wenigen Tagen. Auf der anderen Seite, im *Altvolk*, fehlte es an Brutammen. Hier trat in die Bresche, wer noch einigermaßen jugendlich war, und behielt voll entwickelte Speicheldrüsen weit über die übliche Zeit.

Einem anderen Volk hat man durch einen einfachen Eingriff den größten Teil seiner Baubienen genommen. Darauf wurde es in eine Lage versetzt, wo der Bau neuer Waben dringend nötig war. Und es *wurde* gebaut.

Unter normalen Verhältnissen wird eine so schroffe Störung der Lebensordnung, wie sie diese Versuche herbeigeführt haben, kaum vorkommen. Aber in kleinerem Ausmaße sind die Bedürfnisse des Volkes doch sehr wechselnd. Der hungrigen Bienenkinder sind bald mehr, bald weniger; nach einer Schlechtwetter-Periode kann unvermittelt reiche Tracht einsetzen, zu deren Bewältigung der Bedarf an Sammlerinnen sprunghaft in die Höhe schnellt; eine reiche Ernte verlangt nach leeren Zellen zu ihrer Unterbringung und so kann von einem Tag zum anderen ein Bedarf an Wachs und neuen Waben brennend werden.

Diesen schwankenden Ansprüchen kommt das Bienenvolk in einfacher Weise dadurch entgegen, daß die Entwicklung der Futtersaft- und Wachsdrüsen nicht starr nach dem Schema der Abb. 35 erfolgt, sondern eine gewisse Veränderlichkeit zeigt. Außer den Bienen, die eigentlich an der Reihe wären, einen bestimmten Beruf auszuüben, gibt es daher immer noch andere, die auch schon dafür zu haben sind, wenn es not tut. Bei den einen sind die Kopfdrüsen, bei anderen die wachsbereitenden Organe etwas früher entwickelt, als dem Durchschnitt entspricht, und auch die Neigung, dies oder jenes zu tun, richtet sich weniger nach dem üblichen Arbeitskalender als nach dem Bedarf des Augenblicks. Diesen zu erfassen, ist die Aufgabe der Müßiggänger, die scheinbar nutzlos auf den Waben umherspazieren. Sie sehen sich überall um, stecken ihren Kopf in diese und jene Zellen und packen an, wo sich eine Arbeitslücke bemerkbar macht. So ist die Harmonie der Arbeit im Bienenvolk zum guten Teil den Faulen zu verdanken. Auch Müßiggang kann seine Berechtigung haben — solange er nicht zum Lebensgrundsatz wird.

8. Der Geruchs- und Geschmackssinn

Der Mensch spricht gerne von seinen „fünf Sinnen", obwohl die Wissenschaft schon längst entdeckt hat, daß es außer Gesicht, Gehör, Geruch, Geschmack und Gefühl noch einige andere Sinne gibt, für die wir unsere besonderen Organe haben: z. B. den Gleichgewichtssinn im Innenohr oder, in der Haut, unsere mikroskopisch kleinen Wahrnehmungsorgane für Wärme und Kälte. Es spielen diese Sinne in unserem Leben eine untergeordnete Rolle, sie sind deshalb bis heute nicht populär geworden.

Aber auch die fünf altbekannten Sinne sind untereinander nicht gleichwertig. Wer sein Gesicht verliert, ist schwer geschädigt, und wenn wir nur wenige Minuten mit einem Blinden beisammen sind, kann es uns nicht entgehen, wie sehr er behindert ist. Mit einem anderen Mitmenschen verkehren wir vielleicht jahrelang, ohne zu bemerken, daß er sein Geruchsvermögen vollständig verloren hat — so wenig ist sein Leben durch den Verlust gestört. Bei uns ist eben das Gesicht der führende Sinn. Bei vielen Tieren ist es der Geruch. Für einen Hund oder ein Pferd ist der Verlust des Geruchssinnes so katastrophal wie für den Menschen der Verlust des Augenlichtes.

Für die Biene sind der Gesichts- *und* der Geruchssinn von größter Bedeutung. Ihr erster Lebensabschnitt spielt sich ganz im finsteren Innenbau des Bienenkastens ab. Hier helfen ihr die Augen nichts, hier ist es, neben Tasteindrücken, in erster Linie der Geruch, der sie bei allen Verrichtungen leitet. Später, wenn sie als Trachtbiene den Schwerpunkt ihrer Tätigkeit ins Freie verlegt, wird der Gesichtssinn zum führenden Sinn. Ohne die Augen ist die Biene im Freien verloren, weil sie sich nicht mehr orientieren kann.

Von der Bedeutung des Blumenduftes

Sieht man auf einer blumenreichen Wiese den sammelnden Bienen zu, so kann man beobachten, daß die eine von Kleeblüte zu Kleeblüte eilt und die übrigen Blumen unbeachtet läßt; eine andere fliegt gleichzeitig von Thymian zu Thymian und eine dritte scheint ausschließlich an Vergißmeinnicht interessiert zu sein. Biologen bezeichnen solches Verhalten als „*Blütenstetigkeit*". Sie gilt natürlich nur für das Bienenindividuum, nicht für das ganze Volk, und während eine Schar von Arbeitsbienen an Klee sammelt, können gleichzeitig für andere Arbeiterinnen aus demselben Bienenstocke Vergißmeinnicht, Thymian oder sonstige Blumen das Ziel ihrer Sammelflüge bilden.

Diese Blumenstetigkeit ist für die Bienen wie für die Blüten von Vorteil. Für die Bienen, weil sie, einer bestimmten Sorte treu, überall die gleichen Verhältnisse antreffen, mit denen sie vertraut sind; nur wer gesehen hat, wie lange oft eine Biene, die zum erstenmal an eine bestimmte Blume kommt, mit ihrem Rüssel darin herumstochert, bis sie die verborgenen Nektartröpfchen findet, und wie flink sie späterhin zum Ziele kommt, kann beurteilen, welche Zeitersparnis dies bedeutet — wie ja jedermann die gleiche Verrichtung um so geschickter ausführt, je öfter er sie wiederholt. Doch von noch größerer Bedeutung ist dieses Verhalten für die Blumen, deren rasche und erfolgreiche Bestäubung daran hängt; denn mit Blütenstaub vom Klee wäre dem Thymian nicht gedient.

Aber wie finden die Bienen auf der Wiese die gleichartigen Blumen so sicher heraus? An ihrer Farbe? Zum Teil gewiß, nur gibt es mehr verschiedene Blumensorten als Blütenfarben. Aber jede Blumenart hat ihren besonderen, für sie bezeichnenden *Geruch*. Er muß ein vortreffliches Merk- und Kennzeichen für jede Blütensorte abgeben — falls die Bienen ihn wahrnehmen können und sich nach ihm richten. Wie können wir von ihnen erfahren, ob sie das tun?

Duftdressuren

Zum Befragen der Bienen benützen wir ein Verfahren, das sich zur Erforschung tierischer Sinnesleistungen als sehr nützlich erwiesen hat: die *Dressurmethode*. Auf einem im Freien aufgestellten Versuchstisch locken wir einige Bienen in ein Kartonkästchen mit Flugloch und aufklappbarem Deckel und legen eine duftende Blume, z. B. eine Rose, hinein (Abb. 37, 38). Daneben stellen wir leere Kästchen, ohne Futter und ohne Rose. Der Platz des Futterkästchens in der Anordnung wird häufig gewechselt, so daß nicht

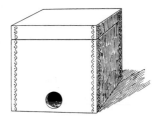

Abb. 37. Kartonkästchen für Duftdressur, Vorderansicht

sein Ort, sondern nur sein Duft die Bienen zur rechten Stelle führen kann. Auch füttern wir mit Zuckerwasser, statt mit duftendem Honig. Bald läßt sich der entscheidende Versuch machen, zu dem reine, von Bienen noch nicht beflogene Kästchen verwendet werden. In bezug auf Aussehen und Geruch sind sie alle untereinander gleich. In eines geben wir eine duftende Rose, aber kein Futter. Nach wenigen Sekunden ist das Verhalten der Bienen klar: sie fliegen, eine nach der anderen, an das Flugloch des rosenduftenden Kästchens an und kriechen hinein, in die duftlosen Kästchen gehen sie nicht. Sie beweisen uns hierdurch, daß sie den

Rosenduft wahrnehmen und daß sie ihn als Merkzeichen der Fundstelle verwerten.

Dies ist nicht weiter überraschend. Aber wir können diese Methode benützen, um über die Leistungsfähigkeit der Bienennase Genaueres zu erfahren. Mit Rücksicht auf die Blumenstetigkeit und die Unterscheidung der Blumensorten interessiert zunächst, wie weit ihr Unterscheidungsvermögen für Düfte geht. Wir stellen den Bienen die Aufgabe, den Dressurduft unter vielen, verschiedenartigen Düften herauszufinden.

Abb. 38. Kartonkästchen. Deckel aufgeklappt. Einsicht von hinten oben, auf dem Bänkchen eine Rose als Duftspenderin

Es ist aber nicht zweckmäßig, hierbei mit Blumen zu arbeiten. Sie duften manchmal stark und manchmal schwach, auch hat man sie nicht immer in der gewünschten Auswahl zur Hand.

In Südfrankreich ist ein ausgezeichnetes Verfahren in Brauch, um den Duft frischer Blüten zu konservieren: mit reinem, geruchlosem Paraffinöl durchtränkte Wolltücher werden zu wiederholten Malen z. B. mit frischen Jasminblüten bestreut; das Öl nimmt den Blütenduft in sich auf, wird dann aus den Tüchern gepreßt, in Flaschen verfüllt und in alle Welt verschickt, um bei der Herstellung von verschiedensten Erzeugnissen der Parfümindustrie verwendet zu werden. So kann man in einem Fläschchen mit Öl den Duft von Jasmin, Rosen, Orangenblüten usw. beziehen und ein Tropfen davon erfüllt das Dressurkästchen mit einem Blütenduft von wunderbarer Reinheit. Auch sonst gibt uns die Parfümindustrie mit ihren „ätherischen Ölen" eine unübersehbare Auswahl von Riechstoffen an die Hand.

Und nun ein Beispiel: Wir dressieren auf den Duft eines ätherischen Öles, Pomeranzenschalenöl. Dann stellen wir mehrere Dutzend reine Kästchen auf, und diesmal wird *jedes* Kästchen mit einem Duft versehen, eines mit dem Dressurduft, die anderen mit den verschiedensten Blumendüften und ätherischen Ölen; keines enthält Futter. Und die Bienen?

Sie fliegen an alle Fluglöcher heran und stecken sozusagen überall ihre Nase hinein; bei dem Kästchen, das den Dressurduft enthält, schlüpfen sie ins Innere und suchen dort nach dem gewohnten Futter, vor den abweichend duftenden Öffnungen wenden sie sich im Fluge wieder ab. Nur wenn der Inhalt auch für unsere Nase dem Dressurduft sehr ähnlich ist, kommen Verwechslungen vor; so zwischen zwei Pomeranzenschalenölen, von welchen das eine aus Spanien, das andere aus Messina stammt. Für einen Menschen mit ungeschultem Geruchsorgan ist der Duft dieser beiden Pomeranzenöle kaum zu unterscheiden. Aber was hier die Schulung ausmacht, zeigen uns die Leute, bei denen die Pflege und Übung des Geruchssinnes zum Lebensberuf gehört. Ein tüchtiger Parfümsachverständiger wird bei einer geruchlichen Prüfung jener beiden Pomeranzenöle über ihre Herkunft nicht im Zweifel sein. Die Bienen sind in ihrer Unterscheidung von ähnlicher Sicherheit und kümmern sich nur wenig um das Kästchen mit dem spanischen Pomeranzenöl.

Im ganzen geht aus diesen und aus vielen anderen Versuchen hervor, daß die Bienen den Dressurduft ausgezeichnet im Gedächtnis behalten und ihn von Düften, die für die menschliche Nase deutlich von ihm verschieden sind, mit großer Sicherheit unterscheiden. Da kaum zwei Blumensorten einander im Duft gleichen, wird ihre Blumenstetigkeit verständlich.

Man kann das Riechorgan der Biene auch noch in anderer Hinsicht auf seine Leistungsfähigkeit prüfen: wir dressieren auf einen bestimmten Blumenduft und bieten dann in einer Reihe von Versuchen den Dressurduft in immer weitergehender Verdünnung, bis die Tiere nicht mehr imstande sind, das Duftkästchen unter duftlosen Kästchen herauszufinden. Wir können mit der eigenen Nase Vergleichsproben anstellen und erhalten so einen Maßstab für die „Riechschärfe" der Bienen im Verhältnis zu der des Menschen. Schon dieser einfache Versuch offenbart eine überraschende Übereinstimmung der Leistungsfähigkeit beim Menschen und bei der Biene. Verfeinerte Methoden deckten aber auch wichtige Unterschiede auf: Blumendüfte, die ja für Bienen biologisch bedeutsam sind, werden im Vergleich mit dem Menschen noch in etwa doppelt so starker Verdünnung wahrgenommen, der Lockduft ihrer eigenen Duftdrüse (S. 121f) sogar um ein Vielfaches besser, während sie für biologisch bedeutungslose Riechstoffe etwas weniger empfindlich sind als wir.

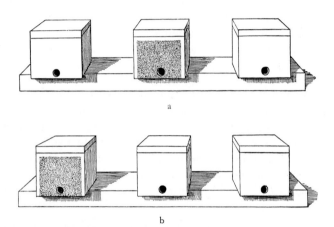

a

b

Abb. 39. Versuchsanordnung, Erklärung im Text. Die graue Punktierung bedeutet blaue Farbe

Wie nun beim Blumenbesuch Duft und Farbe zusammenwirken, das wird im Einzelfalle natürlich davon abhängen, wie stark die betreffenden Blumen duften und wie sie gefärbt sind. Aber im allgemeinen läßt sich doch sagen, daß sich die Bienen aus der Entfernung nach der Farbe richten und durch sie zum Standort der Blume geleitet werden, daß sie sich aber aus nächster Nähe durch den Duft vergewissern, ob sie an der gesuchten Sorte sind.

Man kann sich dies sehr anschaulich durch einen Dressurversuch vor Augen führen, wenn man die Bienen gleichzeitig auf einen Duft und auf eine Farbe dressiert und ihnen dann Duft und

Farbe getrennt bietet. Nach längerer Fütterung in einem blauen Kästchen, das nach Jasmin duftet (Abb. 39a Mitte), wird ihnen an dessen Stelle ein leeres Kartonkästchen geboten, links davon ein blaues Kästchen ohne Duft und rechts Jasminduft ohne Farbe (Abb. 39b). Die wiederkehrenden Bienen fliegen aus einem Abstand von mehreren Metern zielsicher auf das blaue Kästchen los, stutzen aber vor dem Flugloch, schwärmen suchend herum bis sie dem Duftkästchen nahe kommen, und dort schlüpfen sie trotz der fehlenden Farbe hinein. Entsprechendes läßt sich unter natürlichen Verhältnissen im Freien beobachten. Oft kann man sehen, wie eine Biene, die auf ihrem Sammelflug eine bestimmte Blumensorte besucht, auch an andere Wiesenblumen heranfliegt, deren Farbe für das Bienenauge den gesuchten Blüten gleicht; aber in unmittelbarer Nähe wird sie durch den fremden Duft ihres Irrtums gewahr, sie stutzt einen Augenblick und ohne sich niederzulassen zieht sie dahin, wo der nächste Farbfleck winkt. Es ist, als hätte der Duft die größere Überzeugungskraft.

In diesem Zusammenhang sind Erfahrungen über das Lernvermögen der Biene von Interesse. Einen Blumenduft behält sie bei der Dressur — und gewiß auch beim natürlichen Blütenbesuch — in der Regel nach dem ersten Anflug im Gedächtnis, ein Farbmerkmal erst nach 3—5 Anflügen. Ihre Gestalt, etwa eine Sternform, sitzt erst nach etwa 20 Anflügen. Diese abgestufte Lernfähigkeit ist im Erbgut verankert. In ihr spiegelt sich die Erfahrung ungezählter Generationen. Das kommt auch dadurch zum Ausdruck, daß nur blumenhafte Düfte so schnell und sicher erlernt werden. Gerüche, die den Bienenblumen fremd sind, wie der faulige Skatolduft oder jener von Buttersäure, werden zwar wahrgenommen, aber die Dressur gelingt nur langsam und unvollkommen.

Wo haben die Bienen ihre Nase?

Man weiß schon lange, daß die meisten Insekten auf Gerüche nicht mehr reagieren, wenn man ihre Fühler abgeschnitten hat. Doch war dadurch nicht bewiesen, daß die Geruchsorgane auf den Antennen sitzen. Die Amputation dieser nervenreichen

Organe konnte vielleicht eine allgemeine Schädigung bewirken und die Tiere stumpf und gleichgültig machen. Daß diese Auffassung unrichtig ist, zeigen zwei einfache Versuche:

Wir dressieren eine Biene auf *Pfefferminzduft* durch Fütterung aus einem Glasschälchen, in dessen Umkreis dieser Riechstoff auf die graue Papierunterlage getropft ist. Daneben liegen drei andere graue Papiere mit *leeren* Schälchen und *Thymian*duft. Wir überzeugen uns, daß die Dressur gelungen ist, indem wir vier saubere graue Platten mit leeren Schälchen bieten und zu einem den Dressurduft (Pfefferminz) hinzufügen, zu den 3 anderen den Gegenduft (Thymian). Die Biene sucht nur am Pfefferminzschälchen

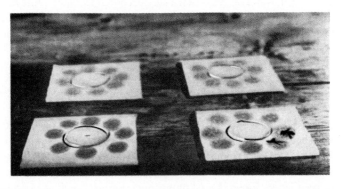

Abb. 40. Eine Biene ist durch Fütterung mit Zuckerwasser auf den Duft eines ätherischen Öles dressiert worden. Nach Amputation der Fühler ist sie nicht mehr fähig, die mit dem Dressurduft betropfte Platte von anders duftenden Flächen zu unterscheiden. Die Photographie zeigt, wie die operierte Biene knapp über einer Duftplatte schwebt. So fliegt sie von einer zur anderen und versucht erfolglos, sie zu beriechen

nach Futter. Nun wiederholen wir den Versuch, schneiden aber der Biene zuvor beide Fühler ab. Die Operation macht ihr offenbar nicht viel Eindruck, wie denn überhaupt den Insekten die Empfindung des Schmerzes fremd zu sein scheint. Sie setzt ihre Suche nach dem Futterschälchen fort, fliegt von Platte zu Platte, hält über jeder schwebend an (Abb. 40), aber sie ist außerstande, den

Pfefferminzduft herauszufinden und setzt sich schließlich nach den Regeln des Zufalls hierhin oder dorthin.

Ihr Benehmen macht nicht den Eindruck, als wenn sie einen Schock erlitten hätte. Aber wir können es durch einen zweiten Versuch *beweisen*, daß sie durch die Fühleramputation nicht stumpf und gleichgültig wird: wir füttern eine Biene auf einer blauen Fläche und stellen daneben leere Schälchen auf gelben Flächen auf. Wir dressieren sie also auf die blaue Farbe. Und wiederholen wir

Abb. 41. Kontrollversuch: Eine auf blaue Farbe dressierte Biene fliegt auch nach der Amputation beider Fühler zielsicher die blaue Farbe an und sucht das leere Glasschälchen daselbst hartnäckig nach dem Futter ab, während sie die Schälchen auf drei gelben Papieren nicht beachtet

jetzt den Versuch in entsprechender Weise, so fliegt die Biene trotz Fühleramputation sofort auf die blaue Fläche los, setzt sich darauf und sucht das leere Schälchen nach dem Futter ab (Abb. 41). Sie hat also durch das Abschneiden der Fühler nicht ihre Reaktionsfähigkeit überhaupt verloren, sondern nur die Fähigkeit eingebüßt, sich nach dem Duft zu richten. Die Fühler sind die Träger der Geruchsorgane.

Die Riechwerkzeuge der Bienen sind nach einem anderen Bauplan gebaut als die unseren. Beim Menschen liegt das Geruchsorgan in der Tiefe der Nasenhöhle, wo zahllose Nervenfasern in der zarten Schleimhaut wurzeln. Hier wirken die Riechstoffe auf sie ein, die uns mit der Atemluft zugetragen werden. Die Insekten haben keine solche Nase. Ihre Atmungsöffnungen liegen seitlich am Körper und sind schon deshalb zum Riechen ungeeignet. Denn das Geruchsorgan als ein wichtiges und bisweilen führendes Sinnesorgan hat seine zweckmäßigste Lage vorne am Kopf. Da sitzen bei den Insekten die Fühler (vgl. Abb. 16, 17, *Fr*). Da die Oberfläche des Insektenkörpers, und so auch die Oberfläche der Fühler, von einem festen Hautpanzer überzogen ist, muß der Panzer-

Abb. 42.
Ein Bienenfühler, etwa 20fach vergrößert. Er ist aus zwölf Gliedern beweglich zusammengesetzt (Photo: Dr. Leuenberger)

überzug der Fühler mit feinsten Porenkanälchen durchsetzt sein, um den Riechstoffen den Zutritt zu den innen liegenden Riechnervenfasern zu ermöglichen. Abb. 42 zeigt das Aussehen eines Bienenfühlers bei etwa 20facher Vergrößerung, Abb. 43 ein einzelnes Fühlerglied noch stärker vergrößert. Die hellen, etwas

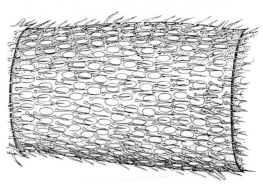

Abb. 43. Ein Glied des Bienenfühlers sehr stark vergrößert. Die hellen Flecken sind verdünnte Stellen des Chitinpanzers („Porenplatten", Geruchssinnesorgane), dazwischen zahlreiche andere, meist borstenförmige Sinnesorgane mit verschiedener Funktion

längs gestreckten Scheibchen sind „Riechporen". Abb. 44 zeigt, stark vereinfacht, wie ein Längsschnitt durch eine solche Pore bei mikroskopischer Betrachtung aussieht. Der Chitinpanzer ist an den Schnittflächen schwarz dargestellt. Er bildet über dem Sinnesorgan nur ein dünnes Verschlußhäutchen. Soweit gibt jedes gute Mikroskop Aufschluß. Aber erst die stärksten Vergrößerungen moderner Elektronenmikroskope machten in der Ringfurche R feinste Poren sichtbar, etwa 3000 an jeder Porenplatte, durch welche die Riechstoffmoleküle an die Endigungen der Sinneszellen (S) unmittelbar herantreten können. Drohnen, die zum Auffinden der Königin ein besonders scharfes Riechvermögen brauchen, haben gegenüber den Arbeiterinnen die siebenfache Zahl von Porenplatten an den Fühlern.

Zwischen diesen Riechporen stehen zahlreiche Tasthärchen, so daß der Fühler neben einem Geruchsorgan zugleich das wichtigste Tastorgan der Biene ist. Das muß, wenn man sich's recht überlegt, eigenartige Folgen haben. Für unsere Nase ist es gleichgültig, ob wir einen runden oder eckigen duftenden Gegenstand beriechen. Die Duftstoffe kommen in den Wirbel des eingeatmeten Luftstromes, und bis sie in der Tiefe der Nasenhöhle ans Geruchsorgan gelangen, besteht keinerlei Beziehung mehr zwischen der Form des berochenen Körpers und der Art und Weise, wie das Riechorgan von den Duftstoffen getroffen wird. Anders bei der Biene. Wenn sie im Dunkel des Stockes mit ihren Fühlern die wachsduftenden Zellen ihres Wabenbaues oder die Brutmaden betastet, werden, da die Tast- und Geruchsorgane gemeinsam über die Fühleroberfläche verstreut stehen, Tast- und Geruchseindrücke in engster Verbindung und in strenger Abhängigkeit von der Form des Gegenstandes wahrgenommen. Die Folge dürfte sein, daß die Bienen „*plastisch*" *riechen* können, so wie wir die Gegenstände plastisch *sehen*, indem wir von Jugend an gewöhnt sind, die Gesichtseindrücke mit dem körperlichen Fühlen aufs engste zu verquicken. Ob wir mit unserer Nase an den sechseckigen Zellen einer Wabe oder an einer daraus geformten Wachskugel riechen, es bleibt derselbe Eindruck, es riecht nach Wachs. Für die Biene aber ist wohl der „sechseckige Wachsgeruch" vom „kugeligen Wachsgeruch" ebenso verschieden, wie für uns der Anblick einer Wachswabe und einer Wachskugel. Für sie, die bei allen Verrichtungen in ihrem dunklen Bau nur auf den Tast- und Geruchssinn angewiesen ist, bedeutet solches eine entscheidende Bereicherung ihres Sinneslebens.

Neben den Porenplatten und Tasthärchen lassen sich nach ihrem Feinbau noch etwa acht andere Arten von verschieden gestalteten Sinnensorganen unterscheiden. Die Methoden der „Elektrophysiologie" haben erst teilweise über ihre Bedeutung Aufschluß gebracht: wenn eine Sinneszelle durch einen Reiz, auf den sie abgestimmt ist, in Erregung versetzt wird, also z. B. die Sinneszellen einer Porenplatte (S in Abb. 44) von einem Riechstoff erreicht werden, ist ihr Erregungszustand mit elektrischen Erscheinungen verbunden, die sich über die Nervenfasern zum Gehirn fortpflanzen und die Grundlage aller Sinnesempfindungen bilden. Durch außerordentlich feine Sonden (Elektroden) kann man von einer Porenplatte diese elektrischen Signale ableiten, registrieren und ihre Stärke messen. So hat man herausgefunden, daß am Fühler der Biene nur die Porenplatten auf *Riechstoffe* ansprechen, diese aber sehr deutlich und je nach der Art der Riechstoffe in verschiedener Weise. Andere von

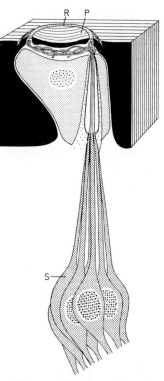

Abb. 44. Einzelnes Geruchs-Sinnesorgan (Porenplatte) des Bienenfühlers. Die Chitinbedeckung des Fühlers ist an der Schnittfläche schwarz dargestellt. S Sinneszellen, P Porenplatte, R Ringfurche
Schema. T. Hölldobler gez.

den mikroskopisch kleinen Fühlersinnesorganen dienen dem *Geschmackssinn;* wieder andere sind auf *Wärme* oder *Kälte* eingestellt, auf die *Feuchtigkeit* der Luft, auf ihren Gehalt an *Kohlen-*

dioxyd — Faktoren, die für das Klima des Bienenstockes und für das Gedeihen der Brut von größter Wichtigkeit sind. Sie werden von den Arbeitsbienen dauernd kontrolliert und geregelt.

So erweisen sich die dünnen, unscheinbaren Fühler am Bienenkopf als gar vielseitige Werkzeuge, die dem Forscher mehr Rätsel stellen, als er Zeit seines Lebens lösen kann.

Über den Geschmack läßt sich nicht streiten

„De gustibus non est disputandum", sagt ein alter Spruch. Wenn zwei Gartenbesitzer verschiedener Meinung sind, welcher von ihnen die größeren Gurken gezogen hat, so läßt sich darüber, notfalls unter Mitwirkung eines Schiedsrichters, eine Entscheidung herbeiführen. Aber wenn jemand eine Tasse Kaffee ungezuckert besser findet als gezuckert, wird ihn niemand vom Gegenteil überzeugen können. Nicht selten ist auch wissenschaftlich nachzuweisen, daß der gleiche Schmeckstoff auf der Zunge verschiedener Menschen verschiedene Wirkung hat. Unter solchen Umständen würden wir kaum erwarten, daß zwischen Menschen und *Insekten* in Geschmacksfragen Übereinstimmung herrscht. Und doch besteht eine solche in wesentlichen Punkten.

Vor allem findet sich dieselbe Zweiteilung des „chemischen Sinnes" in *Geruch* und *Geschmack*. Der Geruchssinn ist durch seine außerordentliche Empfindlichkeit ein Organ zur Fernwahrnehmung flüchtiger Stoffe. Winzige Teilchen, die sich von den Riechstoffen ablösen, werden durch die Luft herangetragen und erregen die Riechnerven. Der Geschmackssinn aber ist verhältnismäßig stumpf; seine Aufgabe ist es, die Nahrung bei ihrer Aufnahme auf ihre chemische Beschaffenheit zu prüfen. Eine weitere Beschränkung liegt, bei der Biene wie beim Menschen, in der geringen Zahl der durch den Geschmack vermittelten Empfindungen: süß, sauer, bitter, salzig.

Im besonderen ist die Wertschätzung des Süßen im gesamten Tierreich weit verbreitet. Doch unterliegt die Schärfe des Geschmackssinnes erheblichen Schwankungen. Ein kleiner Fisch, die Elritze, kann den Geschmack einer Zuckerlösung noch in 100mal größerer Verdünnung erkennen als wir. Gewisse Schmetterlinge, die mit den Fußspitzen schmecken, übertreffen sogar die

Empfindlichkeit der menschlichen Zunge um mehr als das 1000fache.

Bei den Bienen ist das Naschen sozusagen eine Lebensaufgabe. Denn der Blütennektar ist ja im wesentlichen Zuckersaft und wird von ihnen auf Grund seiner Süße erkannt und aufgenommen. Wer nun meint, sie müßten für diesen Geschmack besonders empfindlich sein, ist allerdings im Irrtum. Das Gegenteil ist der Fall. Eine Rohrzuckerlösung von etwa 2%, die für uns noch sehr deutlich süß schmeckt, können sie nicht von reinem Wasser unterscheiden.

Abb. 45. Die Flasche enthält 1 Liter Wasser. Daneben sind die Zucker-häufchen aufgeschüttet, die in dieser Wassermenge gelöst sein müssen, damit für einen besonders empfindlichen Schmetterling *(a)*, für einen Fisch (Elritze *b*), für den Menschen *(c)* und für die Biene *(d)* ein Süßgeschmack eben merklich wird.

Um diese Gegensätze anschaulich zu machen, habe ich in Abb. 45 eine Flasche mit 1 Liter Wasser und daneben jene Zuckermengen photographiert, die in der Wassermenge gelöst sein müssen, damit der geschmacksempfindlichste Schmetterling, den wir kennen, damit eine Elritze, ein Mensch mit seiner Zunge und eine Biene mit ihrem Rüssel das Wasser eben als süß erkennen. Ein Schmet-terling kann jede geringste Zuckermenge für seine Ernährung auswerten. Bienen sammeln aber Nektar als Wintervorrat. Wie die

Hausfrau beim Einkochen von Früchten nicht mit Zucker sparen darf, weil sich sonst Schimmel bildet, so darf die Biene keinen dünnen Honig in ihren Zellen als Vorrat einlagern. Bei ihrer Stumpfheit gegenüber dem Süßgeschmack kommt sie gar nicht in Versuchung durch Eintragen dünner Lösungen biologisch unzweckmäßig zu handeln. Die Pflanzen kommen ihrem Bedürfnis nach haltbarer Nahrung entgegen, indem sie im Nektar der Blüten einen Saft von erstaunlich hohem Zuckergehalt (meist 40 bis 70%) erzeugen.

Mit Saccharin und ähnlichen Ersatzstoffen, die für den menschlichen Geschmack dem Zucker zum Verwechseln ähnlich sind, ohne einen Nährwert zu haben, lassen sich die Bienen nicht täuschen. Diese für uns sehr süßen Ersatzstoffe sind für sie geschmacklos.

Kindern, die das Daumenlutschen nicht lassen wollen, hat man bisweilen ein wenig Chinin auf die Finger gestrichen. Es schmeckt so bitter, daß sich dieses Erziehungsmittel allen anderen überlegen zeigte. Bienen trinken Zuckerlösungen mit einem Chininzusatz, der sie für uns bereits völlig ungenießbar macht, noch mit bemerkenswertem Behagen. Auch für andere Bitterstoffe sind sie weit weniger empfindlich als wir.

So ließen sich noch manche Abweichungen in ihrem Geschmack aufzählen. Doch da wir kein Kochbuch für Bienen verfassen wollen, mag es hiermit sein Bewenden haben.

Eine praktische Nutzanwendung

Die Bienenzucht ist eine sehr nützliche Betätigung. Die gepflegten Wälder von heute, frei von hohlen Bäumen, bieten den Bienen keine ausreichende Unterkunft, Ackerland und Kulturwiesen mit ihrer verarmten Flora geben keine Gewähr für genügende Wintervorräte. Hätte sie nicht der Mensch zu Haustieren gemacht, so würden sie dahinschwinden und ungezählte Zentner köstlichen Zuckersaftes in den Blüten bleiben oder nur in die Mägen von Fliegen und Schmetterlingen wandern. Noch viel höher als der Honiggewinn ist der mittelbare Nutzen der Imkerei einzuschätzen. Denn die Mehrzahl unserer Kulturpflanzen wird überwiegend durch Bienen bestäubt und würde ohne sie einen geringeren oder keinen Ertrag an Samen und Früchten geben (vgl. 19 bis 22).

Die Imker pflegen ihren Völkern so viel Honig zu entnehmen, daß der Rest als Nahrungsvorrat für den Winter nicht reicht. Sie füttern dafür jedem Volk im Herbst 3 bis 5 kg Zucker in Form von Zuckerwasser in den Stock ein. Das ist für den Imker vorteilhaft, weil Honig wertvoller ist als Zucker. Dieser ist aber mit einer Steuer belastet. Zur Förderung der Bienenzucht will man den Imkern den Fütterungszucker steuerfrei überlassen. Die Finanzbehörde hat jedoch den begreiflichen Wunsch, daß dieser verbilligte Zucker auch wirklich den Bienen zugute kommt und nicht der Hausfrau. Er soll durch eine entsprechende Vergällung für den Menschen als Genußmittel unbrauchbar gemacht werden.

Man hat viele Vergällungsmittel versucht. Die meisten erwiesen sich als ungeeignet. Erst eine genaue Kenntnis vom Geschmackssinn der Bienen führte einen Weg, der eine gute Lösung dieses alten Problems bedeutet. Es war naheliegend, sich die Unterempfindlichkeit der Bienen für den Bittergeschmack zunutze zu machen. Unter den geprüften Stoffen war einer dadurch aufgefallen, daß er, für den Menschen schon in geringsten Spuren von ekelerregender Bitterkeit, für die Bienen so gut wie geschmacklos ist. Vom Standpunkt des Chemikers ist diese Substanz, (mit dem Namen *Octoacetylsaccharose*) nichts anderes als Zucker, der sich mit Essigsäure verbunden hat. Die Essigsäurebestandteile machen ihn für den Menschen bitter, für die Bienen geschmacklos. Seiner Verwendung als Vergällungsmittel stand sein hoher Preis entgegen. Doch gelang nach einem neuen Verfahren die billige Herstellung dieses Stoffes. Er erhielt den Fabriknamen *Oktosan*.

Wenn man große Mengen Zucker auch nur mit Spuren dieses Bitterzuckers vermischt, werden sie für den menschlichen Genuß unbrauchbar. Die Bienen aber trinken solches Zuckerwasser ohne jede Hemmung. Daß weder sie noch ihre Brut dadurch Schaden nehmen würden, war bei der chemischen Natur des Oktosans von vornherein zu erwarten und hat sich in jahrelangen Versuchen bestätigt. Auch für den Menschen ist es völlig unschädlich. Das ist wichtig. Denn gelegentlich können Reste des Fütterungszuckers in die Ware geraten, die zum Verkauf bestimmt ist.

Verbitterten Honig würden die Kunden entrüstet ablehnen. Doch zersetzt sich das Oktosan im Honig wieder in seine Bestandteile, in Zucker und unmerkliche Spuren von Essigsäure, so daß es den bitteren Geschmack verliert. Es ist, als wäre diese chemische Verbindung eigens geschaffen, um die Steuerbehörde wie die Imkerschaft in jeder Hinsicht zu befriedigen.

Bei seiner Harmlosigkeit wird heute auch von Ärzten Oktosan statt Chinin empfohlen, um Kindern das Daumenlutschen abzugewöhnen.

9. Die Augen der Bienen und ihre Leistungen

Farbensehen

Wenn es bei einem ländlichen Frühstück im Freien Honig gibt, so stellen sich bisweilen Bienen ein, durch den Honiggeruch angelockt. Dann ist Gelegenheit zu einem einfachen Versuch, bei

Abb. 46. Bienen, die zuvor auf einem blauen Papier bei * gefüttert worden sind, suchen auf einem reinen blauen Papier (links) nach dem Futter, während sie ein rotes Papier (rechts) unbeachtet lassen.

dem nichts weiter erforderlich ist als ein Stück rotes und zwei gleich große Stücke blaues Papier und ein wenig Geduld.

Wir entfernen das Honiggefäß, geben nur ein paar Honigtropfen auf ein blaues Papier und legen es auf den Tisch. Die Bienen säumen nicht, die einträgliche Futterquelle auszubeuten. Nachdem sie ein paarmal heimgeflogen und wiedergekommen sind, entfernen wir das mit Honig betropfte Blau und legen das rote und das andere, saubere blaue Papier neben den bisherigen Futterplatz. Die Bienen interessieren sich für das Rot nicht im mindesten, das Blau aber umschwärmen sie und lassen sich auch darauf nieder, obwohl diesmal kein Honigduft dort lockt (Abb. 46). Sie haben sich also gemerkt, daß es auf dem *Blau* Futter gab, und können Blau und Rot unterscheiden.

Man darf aber daraus nicht schließen, daß die Bienen Farben sehen. Es gibt nicht selten Menschen, deren Farbensinn gegenüber dem des Normalsichtigen mehr oder weniger beschränkt ist; es gibt auch, freilich selten, Menschen, die überhaupt keine Farben sehen. Ein solcher „total Farbenblinder" sieht die Welt etwa so, wie sie uns Normalsichtigen in einer farblosen Photographie erscheint, alles grau in grau und die Abstufungen der Farben nur als Abstufungen der Helligkeiten. Er könnte zwar unser Blau und Rot sehr wohl unterscheiden, aber nicht an den Farben, die ihm verschlossen sind, sondern an ihrer Helligkeit, da ihm das Rot fast schwarz, das Blau aber wie ein helles Grau erscheint; der Eindruck ist für ihn ähnlich wie für uns auf der farblosen Photographie (Abb. 46). So hat für ihn jede Farbe eine bestimmte Helligkeit.

Wir müssen den Versuch also anders anstellen und dressieren die Bienen durch Fütterung auf Blau inmitten einer schachbrettartigen Anordnung von Graupapieren verschiedenster Helligkeit, auf denen kein Futter geboten wird. Wie bei der Duftdressur verhindert ein häufiger Ortswechsel des Blau mit dem Futterschälchen die Gewöhnung an einen bestimmten Platz in der Gesamtanordnung. Auch wird nicht mit Honig, sondern mit geruchlosem Zuckerwasser gefüttert. Für das entscheidende Experiment werden alle Papiere durch neue, saubere ersetzt; auch auf dem Blau steht diesmal ein *leeres*, reines Glasschälchen. Trotzdem fliegen die Bienen zielsicher auf die blaue Fläche los und setzen sich auf ihr nieder (Abb. 47). Sie können also das Blau von sämtlichen Grauabstufungen unterscheiden, und erst hierdurch beweisen sie uns, daß sie es als Farbe sehen.

Sie befliegen das Blau auch dann, wenn man alle Papiere mit einer Glasplatte bedeckt. Sie zeigen uns dadurch, daß tatsächlich der *Anblick* des blauen Papieres ausschlaggebend ist und nicht etwa ein für unsere Nase nicht wahrnehmbarer *Duft*. Ein solcher könnte durch die Glasplatte hindurch natürlich nicht zur Geltung kommen.

Führen wir genau denselben Versuch mit einem gelben Papier aus, so gelingt er ebensogut; wählen wir aber ein rein rotes Papier, so erleben wir eine Überraschung. Die auf Rot dressierten Bienen befliegen in der schachbrettartigen Anordnung (Abb. 47) nicht nur das rote, sondern genau so die schwarzen und dunkelgrauen Blätter. Rot und Schwarz wird von den Bienen verwechselt; Rot ist für sie keine Farbe, sondern, wie für den Farbenblinden, ein tiefdunkles Grau.

Aber in anderer Hinsicht ist das Bienenauge dem normalen menschlichen Auge überlegen. Es kann die für uns unsichtbaren

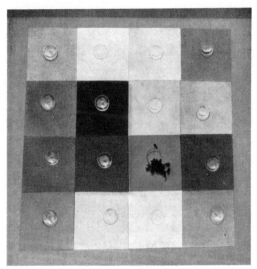

Abb. 47. Nachweis des Farbensehens. Ein Blaupapier zwischen Graupapieren verschiedenster Helligkeit. Auf jedem Blatt steht ein leeres Glasschälchen. Die auf Blau dressierten Bienen beweisen durch ihr Verhalten, daß sie die Farbe von den Grauabstufungen unterscheiden

„ultravioletten" Lichtstrahlen ausgezeichnet wahrnehmen. „Ultraviolett" bedeutet: „Über das Violett hinaus." Damit hat es folgende Bewandtnis:

Das weiße Sonnenlicht ist ein Gemisch von Lichtstrahlen verschiedener Wellenlänge. Schickt man es durch ein Prisma, so werden die Strahlen, je nach ihrer Wellenlänge, verschieden stark gebrochen, sie werden so nach ihrer Wellenlänge geordnet und es erscheint das farbige Band des Spektrums (Abb. 48), wie es uns die Natur im Regenbogen so schön zeigt. Jeder Wellenlänge entspricht eine bestimmte Farbempfindung. Die größten Wellenlängen sehen wir rot. Absolut genommen sind freilich auch diese

„großen" Lichtwellen noch so klein, daß man sie in nm[1] (= Millionstel Millimeter) mißt. Vom Rot mit einer Wellenlänge von 800 nm reicht das farbige Band bis zum Violett, wo bei einer Wellenlänge von 400 nm die Sichtbarkeit für unser Auge endet. Das Sonnenlicht enthält aber noch kürzerwellige, eben die ultravioletten Strahlen. Für das Bienenauge wird das Licht erst bei

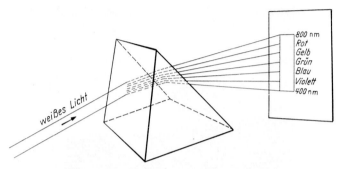

Abb. 48. Entstehung des Spektrums durch Strahlenbrechung in einem Prisma

300 nm unsichtbar. Das Ultraviolett erscheint ihm in einem besonderen Farbton und ist für Bienen noch dazu die hellste und leuchtendste Farbe des ganzen Spektrums.

Wenn man die durch Zerlegung weißen Lichtes gewonnenen Farben wieder zusammenbringt, so entsteht für unser Empfinden neuerdings weißes Licht. Der gleiche Eindruck von Weiß läßt sich auch erzeugen, wenn man nur die 3 „Grundfarben" Rot, Grün und Blau aus dem Spektrum herausfängt und im richtigen Verhältnis miteinander mischt[2], oder wenn man mit bestimmten Farbpaaren (Komplementärfarben, z. B. Rot und Blaugrün) ebenso verfährt.

Die Farben des Spektrums gehen von Rot über Gelb, Grün, Blaugrün, Blau und Violett in feinen Abstufungen allmählich

---

[1] n ist die Abkürzung für (griechisch) nannos = Zwerg, also „Zwergmeter".

[2] Gemeint ist eine Mischung im Sinne gleichzeitiger Einwirkung auf die Netzhaut (Mischung durch *Addition* der Farben). Wenn der Maler auf der Palette zwei Farben mischt, so werden von beiden verschiedene Spektralbereiche des Lichtes verschluckt und es entsteht durch *Subtraktion* eine ganz andere Farbe als bei additiver Mischung.

ineinander über. Die Enden, Rot und Violett, lassen sich auch anders herum durch Zwischenstufen verbinden, wenn man rote und violette Lichtstrahlen zu verschiedenen Anteilen miteinander mischt. Es entstehen so die Purpurtöne, die im Spektrum selbst nicht enthalten sind und dieses zum Farbenkreis schließen (Abb. 49 a).

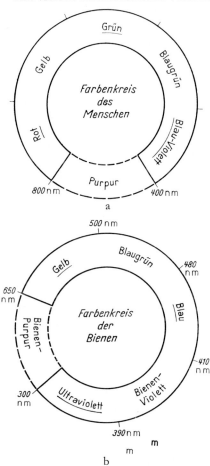

Ganz entsprechende Gesetze der Farbenmischung gelten auch für Bienen, obwohl doch ihre Augen anders gebaut sind als die menschlichen (s. S. 78). Auch für sie gibt es ein „Weiß", das sich sowohl aus allen, *für Bienen* sichtbaren Farben des Spektrums, wie auch aus den 3 Grundfarben der Bienen: Gelb, Blau und Ultraviolett (oder aus 2 für Bienen komplementären Farben) durch Mischung erzeugen läßt und mit keiner *Farbe* Ähnlichkeit hat. Auch für sie entstehen neue, im Spektrum selbst nicht enthaltene Farbtöne, wenn man Lichtstrahlen aus den Endbezirken des Bienenspektrums (Gelb und Ultraviolett) miteinander mischt; in Anlehnung an die menschliche Farbenlehre kann man von

Abb. 49. Farbenkreis a des Menschen, b der Biene (schematisch). Die 3 Grundfarben sind unterstrichen. Durch ihre Mischung kann man die dazwischenstehenden Farben herstellen. Komplementärfarben stehen im Bilde einander gegenüber. Nach DAUMER, verändert

„*Bienenpurpur*" sprechen (vgl. Abb. 49 b). Orangerot, Gelb und Grün sind für Bienen einander ähnlicher als für uns, desgleichen Blau und Violett, während im Grenzbereich gegen das Ultraviolett neue, uns fremde, für Bienen scharf abgehobene Farbtöne entstehen (*„Bienenviolett"*).

Daß sich durch Mischung von drei verschiedenen Spektralfarben Weiß und Grau sowie sämtliche Farbtöne erzeugen lassen, kann man durch die Annahme dreier verschiedener Arten von Farbsinneszellen erklären. Diese von HELMHOLTZ für den Menschen angenommene Theorie des Farbensehens hat sich jetzt, rund 100 Jahre später, durch Versuche am Bienenauge als richtig erwiesen. Wie bei den Fühlersinnesorganen (S. 58) war es mit einer minutiös ausgearbeiteten elektrophysiologischen Technik auch am Auge möglich, die Erregungsvorgänge in einzelnen Sinneszellen zu beobachten und zu messen. Es gibt tatsächlich drei verschiedene Typen, deren größte Empfindlichkeit entweder im Gelb oder im Blau oder im Ultraviolett liegt. Auch für das menschliche Auge gelang etwa gleichzeitig mit einer anderen Methode der gleiche Nachweis.

Im Ganzen hat das Farbensehen der Bienen mehr Ähnlichkeit mit dem unseren, als man dachte. Der Hauptunterschied liegt in ihrer Unempfindlichkeit für Rot und ihrer außerordentlichen Empfindlichkeit für Ultraviolett. Was sie beim Anblick der Farben wirklich wahrnehmen, davon können wir uns freilich keine Vorstellung machen. Kennen wir doch nicht einmal das innere Erlebnis unseres Nächsten, wenn er die Farben mit gleichen Namen benennt wie wir. Denn keines Menschen Auge hat noch je in die Seele eines anderen geschaut.

Bienenauge und Blumenfarben

Wer etwa meint, die ganze Blumenpracht der Erde sei dem Menschen zur Augenweide geschaffen, der möge den Farbensinn der geflügelten Blütengäste und die Beschaffenheit der Blumenfarben studieren, und er wird ganz bescheiden werden.

Zunächst fällt auf, daß durchaus nicht alle Blütenpflanzen „Blumen" hervorbringen. Viele Gewächse, so Gras und Getreide, die Nadelhölzer, die Ulmen, Pappeln und andere haben kleine, unscheinbare und duftlose Blüten, die keinen Nektar absondern und an denen sich auch keine Insekten einstellen. Die Übertragung des Blütenstaubes geschieht hier durch den Wind, wie es der Zufall will, und ist nur dadurch gesichert, daß ein trockener, leicht stäubender Pollen in außerordentlicher Menge erzeugt wird. Diesen „*Windblütern*" stehen die „*Insektenblüter*" gegenüber. Sie ziehen durch Nektarabsonderung die Blütengäste heran, die den Pollen auf kurzem und zuverlässigem Wege übertragen. Ihre Blüten sind auffallend, sei es durch einen Duft, den sie erzeugen, sei es durch bunte Farben, oder durch beides vereint: das sind die „Blumen".

Es liegt nahe, hier einen tieferen Zusammenhang anzunehmen: So wie der Wirt eine bunte Fahne aushängt, um die Aufmerksamkeit des Wanderers zu erregen und ihn dadurch veranlaßt, bei ihm einzukehren, sich selbst zum Gewinn und jenem zur Stärkung, so hätten auch die bunten Fähnlein der Blumen die Bedeutung, den Bienen schon aus der Ferne den Ort zu weisen, wo für sie der Nektar fließt und wo sie einkehren sollen, dem Wirt wie dem Gast zum Nutzen. Wenn aber in diesem Sinne die Farben der Blumen für das Auge ihrer Bestäuber berechnet sind, dann darf man eine Beziehung zwischen den Besonderheiten im Farbensinn der Blumengäste und der Beschaffenheit der Blumenfarben erwarten. Das ist nun auf das deutlichste verwirklicht.

Schon lange, bevor man über den Farbensinn der Bienen etwas Näheres wußte, ist den Botanikern aufgefallen, wie selten rein rote Blumen in unserer Flora vorkommen. Das ist aber gerade die einzige Farbe, die auf das Bienenauge nicht als Farbe wirkt und daher die Blumen für die Augen ihrer Bestäuber nicht auffällig machen würde; die meisten sogenannten „roten" Blumen unserer Flora, Heidekraut und Alpenrosen, roter Klee, Zyklamen usw., haben nicht jenes reine Rot, von dem hier die Rede ist, sondern ein mit Blau vermengtes Purpurrot.

Vielleicht ist es den Pflanzen schwer, eine scharlachrote Blütenfarbe zu erzeugen? Das kann nicht sein, denn bei tropischen Gewächsen, die z. T. wegen ihrer sonderlichen Blumenfarben in unseren Treibhäusern und Gärten gerne als Zierpflanzen gehalten werden, sind scharlachrote Blütenfarben ungemein häufig. Aber gerade jene leuchtend roten Blumen der Tropen werden — was

auch den Blütenbiologen schon lange bekannt war — nicht durch
Bienen, überhaupt nicht durch Insekten bestäubt, sondern durch
kleine Vögel, durch die Kolibris und Honigvögel, die im Fluge
vor der Blüte schwebend mit ihrem langen Schnabel den reichlich
abgesonderten Nektar saugen (Abb. 50); und es hat sich heraus-

Abb. 50. Kolibri vor den Blüten einer Kletterpflanze (Manettia bicolor)
schwebend und Nektar saugend (nach Porsch)

gestellt, daß jenes Rot, für das die Bienenaugen blind sind, für das
Vogelauge eine leuchtende Farbe ist.

Eine weitere Beziehung zwischen Blumenfarben und Blumen-
gästen ist längst bekannt und viel besprochen gewesen, bevor
sie durch Versuche der vergangenen Jahre ihre Aufklärung
gefunden hat: die wenigen Blumen, die sich in unserer heimischen
Flora einer rein roten Blütenfarbe nähern, wie Steinnelken, Licht-
nelken, stengelloses Leimkraut, werden größtenteils nicht von
Bienen, sondern vorwiegend durch Tagschmetterlinge bestäubt,

die mit ihren langen Rüsseln den Nektar vom Grunde der hier besonders tiefen Blumenröhren herausholen. Durch die Tiefe der Blumenröhren erscheinen diese Blüten an die Bestäubung durch die genannten langrüsseligen Insekten speziell angepaßt. Und diese Tagfalter sind im Gegensatze zu den Bienen und zu den meisten anderen Insekten nicht rotblind.

Mehr konnte man wirklich nicht verlangen. Es ist, als würde sich in den Farben der Blumen die Rotblindheit und die Rotsichtigkeit ihrer Besucher widerspiegeln. Es war zu erwarten und hat sich bestätigt, daß auch die Ultraviolettsichtigkeit des Bienenauges von seiten der Blumenfarben eine Antwort gefunden hat. Doch liegen diese Zusammenhänge für unsere eigenen, ultraviolettblinden Augen weniger offenkundig zutage. Die erste Überraschung kam von den Mohnblüten. Sie gehören zu den wenigen, angenähert rein roten Blüten unserer Heimat und werden trotzdem eifrig von Bienen besucht. Wir sehen ihnen nicht an, daß ihre Blumenblätter außer den roten Lichtstrahlen, die für die Bienen bedeutungslos sind, auch die ultravioletten zurückwerfen. So ist der Mohn für uns eine rote, für die Bienen eine „ultraviolette" Blume. Das gleiche gilt für die rot blühenden Bohnen. Den Erörterungen darüber, daß sich diese Blüten in eine Farbe gekleidet hätten, die von ihren Besuchern nicht wahrgenommen werden kann, ist somit die Grundlage entzogen. Auch die *weißen* Blumen erscheinen den Bienen farbig. Es war nämlich die zweite überraschende Entdeckung auf diesem Gebiet, daß alle weißen Blüten — von unseren Augen unbemerkt — die kurzwelligen, ultravioletten Strahlen aus dem Sonnenlicht herausfiltern. Wir bemerken es nicht, ob ein für uns weißes Licht Ultraviolett enthält oder nicht. Aber dem ultraviolettempfindlichen Bienenauge erscheint ein „Weiß", aus dem das Ultraviolett weggenommen ist, nach den Gesetzen der Farbenmischung in der Komplementärfarbe des Ultraviolett: „Blaugrün". Das ist deshalb bedeutungsvoll, weil für die Bienen „weißes" Licht, gemischt aus allen für sie wahrnehmbaren Farben (also das Ultraviolett eingeschlossen), weniger einprägsam ist als farbiges Licht. Eine Dressur auf solches Weiß bereitet gewisse Schwierigkeiten — und in der Blumenwelt suchen wir es vergeblich. Wo für uns die weißen Sterne der Gänseblümchen in der Wiese stehen, da leuchten den Bienen blaugrüne Sternchen entgegen. Weiße Apfelblüten, weiße Glockenblumen, weiße Winden, weiße Rosen, sie alle haben für ihre farbenfrohen Gäste ihr farbiges Wirtshausschild.

Verdanken hier die Blumenblätter ihr buntes Kleid dem *Fehlen* von ultraviolettem Licht, so wird in anderen Fällen sein *Hinzu-*

Abb. 51. Blüten von a Schotendotter *(Erysimum helveticum)*, b Raps *(Brassica napus)* und c Ackersenf *(Sinapis arvensis)*, links in gelbem Licht, rechts in ultraviolettem Licht photographiert. Die verschieden starke Ultraviolett-Reflexion bewirkt für das Bienenauge deutlich verschiedene Färbungen der für uns gleichartig gelben Blüten (nach DAUMER)

treten zum Anlaß eines Farbenzaubers, der uns verborgen bleibt. So sind z. B. die gelben Blüten des Schotendotters *(Erysimum helveticum)*, des Raps *(Brassica napus)* und des Ackersenf *(Sinapis arvencis)* für uns kaum unterscheidbar nach Farbe und Gestalt. Die Bienen könnten uns auslachen! Für sie ist nur der Schotendotter „gelb". Die Rapsblüten werfen auch ein wenig Ultraviolett zurück und erhalten dadurch eine leichte „Purpur"-Tönung (vgl. S. 67). Der Ackersenf, dessen Blumenblätter viel Ultraviolett reflektieren, gewinnt dadurch ein tiefes „Purpurrot" für das Bienenauge, dem die Unterscheidung aller drei Arten nachweislich ein Leichtes ist. Abb. 51 zeigt die genannten drei Blüten links durch ein Filter aufgenommen, das nur gelbes Licht durchläßt, rechts durch ein Ultraviolettfilter. Man sieht, daß gelbes Licht von allen drei Blüten gleichmäßig zurückgeworfen wird, während sie das Ultraviolett, für unser Auge nicht erkennbar, verschieden stark reflektieren. Entsprechendes gilt für viele andere, uns gleichmäßig gelb oder blau erscheinende Blumen.

Nicht selten hebt sich an einer Blüte die Stelle, wo die Nahrung zu finden ist, durch eine auffällige Farbzeichnung — ein „*Saftmal*" — ab. Jeder kennt im blauen Vergißmeinnicht den gelben Ring, durch dessen Zentrum die Biene ihren Rüssel einführen muß, um den Nektar zu erreichen. Bei der Schlüsselblume (Abb. 52) tragen die hellgelben Blüten ein dunkelgelbes Saftmal,

Abb. 52.
Blüte der Primel
(Primula acaulis)
mit Saftmal

und wer sich ein wenig umsieht, wird viele weitere Beispiele finden. Während die Farbe der ganzen Blume als Wirtshausfahne in die Ferne winkt, zeigt das Saftmal dem eintretenden Gast, wo er Labsal findet — in gefälligerer Weise als unsere nüchterne Aufschrift: „Zur Gaststube". Die Markierung wird noch ansprechender dadurch, daß das farbige Saftmal fast stets einen stärkeren, oft auch andersartigen Geruch hat als die umgebenden Blütenteile. Das optische Saftmal ist für die Biene zugleich ein „*Duftmal*". Wir merken davon nichts, weil beim Einziehen der Luft in die Nase die Duftstoffe durcheinander gewirbelt werden. Für die Biene, die mit ihren vorgestreckten Fühlern „plastisch riechen" kann (vgl. S. 57), sind solche Duftmarken von großer Bedeutung.

a   b

c

Abb. 53. Blüte und Blätter des kriechenden Fingerkrautes *(Potentilla reptans)* a in gelbem, b in blauem, c in ultraviolettem Licht photographiert. Die für uns rein gelbe Blüte reflektiert stark im Gelb, nicht im Blau und — nur an den äußeren Teilen der Blumenblätter — stark im Ultraviolett. So entsteht ein für uns unsichtbares Saftmal, rein gelb in „purpur"-farbiger Umgebung. — Die Laubblätter sind infolge gleichmäßiger, schwacher Reflexion in den 3 Grundfarbbereichen der Bienen für diese fast farblos. — Die mitphotographierten Graustufen, im Bilde unten, dienen zur photometrischen Bestimmung der Reflexion (nach DAUMER)

Wer die Welt durch die Augen der Biene betrachten könnte, wäre überrascht, mehr als doppelt so viele Blütensorten mit prachtvollen Saftmalen zu entdecken, als deren unser ultraviolettblindes Auge ohne weiteres gewahr wird. Den Anblick, der sich dem Bienenauge bietet, kann man sich dadurch anschaulich machen, daß man die Blüten durch drei Farbfilter photographiert, deren Durchlässigkeit den drei Grundfarbbereichen des Bienenauges entspricht. So zeigt Abb. 53 die für uns einheitlich gelbe Blüte des kriechenden Fingerkrautes *(Potentilla reptans)*: die Helligkeit der Blumenblätter in der Aufnahme durch das Gelbfilter zeigt, daß das Gelb stark und gleichmäßig zurückgeworfen wird; ihre Dunkelheit im Bild rechts oben (Blaufilter) läßt erkennen, daß die blauen Lichtstrahlen verschluckt werden; die Aufnahme durch das Ultraviolettfilter (unten) enthüllt die überraschende Erscheinung eines für uns unsichtbaren Saftmales: die äußeren Teile der Blütenblätter reflektieren das Ultraviolett, sie geben also die Mischfarbe von Gelb und Ultraviolett, „*Bienenpurpur*". Die inneren Teile verschlucken das Ultraviolett, so daß für das Bienenauge ein rein gelbes Saftmal in purpurfarbiger Umgebung entsteht. Wie wirksam auch solche, für uns verborgene Saftmale sind, ließ sich durch Bienenversuche nachweisen.

An Abb. 53 kann man eine weitere Tatsachen feststellen die eigentlich der ganzen Blumenpracht erst ihren tieferen Sinn gibt. Mit der Blüte sind auch einige grüne Blätter photographiert. Sie reflektieren das Licht in den 3 Grundfarbbereichen der Biene ziemlich gleichmäßig, nur im Gelb ein klein wenig mehr. Das gilt auch für andere Laubblätter und bedeutet, daß das uns grün erscheinende Laub für die Biene fast farblos grau mit blaßgelblicher Tönung ist. Aus diesem unbunten Hintergrund werden für sie die bunten Blüten um so kräftiger herausleuchten.

Der Naturfreund wird sich die Freude an den Blumen nicht nehmen lassen, auch wenn er erkennt, daß sie für andere Augen bestimmt sind.

Vom Bau der Augen

Ob ein Auge farbenblind ist oder Farben sieht, können wir ihm auch bei aufmerksamer Zergliederung nicht ansehen. Ob es aber die Formen der Gegenstände scharf oder unscharf sieht, dies steht

mit seinem gröberen Bau in engem Zusammenhange und ermöglicht es dem Anatomen, oft schon nach dem Äußeren eines
Auges zu beurteilen, ob es etwa von einem kurzsichtigen Menschen stammt.

Wenn wir aber das Auge der Biene zergliedern in der Erwar-
tung, seine Leistungsfähigkeit an seinem Bau zu erkennen, dann
lassen uns alle am menschlichen Auge gewonnenen Erfahrungen
im Stich. Denn es ist völlig anders gebaut. Für den Naturforscher
liegt ein besonderer Reiz darin, den Mitteln und Wegen nachzu-
spüren, wie die Natur bei so grundverschiedenen Wesen, den
Bienen und den Menschen, auf durchaus verschiedene Weise doch
dasselbe Ziel erreicht.

Die Feinheiten in der Konstruktion des Insektenauges sind so
mannigfach, daß sie den Bau des menschlichen Auges in den
Schatten stellen. Ein genaues Verständnis ist nur durch ein ernstes
Studium möglich und hätte mancherlei Erörterungen, auch physi-
kalischer Art, zur Voraussetzung. Doch der grundlegende Gegensatz im Bauplan der beiden Augen läßt sich mit einigen Worten
klarstellen.

Das *Auge des Menschen* ist einem photographischen Apparat vergleichbar. Dem Loch in der Vorderwand der Kamera entspricht
das Sehloch im menschlichen Auge, die Pupille. So wie der Pho-
tograph bei großer Helligkeit durch Verengerung der Irisblende
das Übermaß von Licht abdämpft, so zieht sich im Sonnenlicht
die Regenbogenhaut (die „Iris") zusammen, verengert die Pupille
und schützt das Innere des Auges vor übergroßer Helligkeit.
Der Linse des Photographenapparates entspricht die Linse des
menschlichen Auges. Sie hat die gleiche Gestalt und die gleiche
Wirkung. Blicken wir auf einen entfernten leuchtenden Punkt
(*A* in Abb. 54), der nach allen Seiten Licht aussendet, so sammelt
die Linse die Lichtstrahlen, die durch das Sehloch einfallen und
vereinigt sie in einem Punkt des Augenhintergrundes *(a)*. Die
von einem höher gelegenen Punkt *(B)* kommenden Strahlen werden von der Linse auf einem tieferen Punkt *(b)*, die von einem
tieferen Punkt *(C)* an einem höher liegenden Punkt *(c)* gesammelt. Wir können uns jeden Gegenstand in unserem Gesichtsfelde
aus einer großen Zahl einzelner Punkte zusammengesetzt denken,

ob sie nun selbst leuchten oder das auffallende Licht nur zurückwerfen; für jeden von ihnen gilt, was wir für unsere drei Punkte *A*, *B* und *C* abgeleitet haben, und so entwirft die Linse von einem angeblickten Gegenstand ein verkehrtes, kleines, naturgetreues Bild auf dem Augenhintergrund, wie die Linse des photographischen Apparates auf der photographischen Platte.

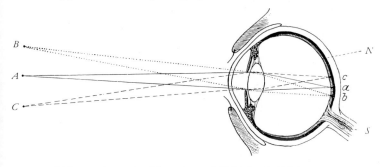

Abb. 54. Auge des Menschen. *N* Netzhaut, *S* Sehnerv.
(Weitere Erklärung im Text)

Der wesentliche Unterschied zwischen der Kamera und unserem Auge liegt in der Verwertung des so erzeugten Bildes. Bei der Kamera wird das Bild eines Augenblickes auf der Platte festgehalten und sozusagen konserviert. Die Stelle der photographischen Platte nimmt in unserem Auge die Netzhaut ein, durch deren Vermittlung uns das Bild mit allen Verteilungen von Licht und Schatten bewußt wird, in jedem Augenblicke neu entstehend und vergehend im Wechsel des Geschauten. Jene Netzhaut besteht in ihrem wichtigsten Teile aus einem feinsten Mosaik stäbchenförmiger Elemente, deren jedes so schmal ist, daß erst mehrere Hundert nebeneinander die Strecke eines Millimeters füllen; sie sind durch Nervenfasern mit dem Gehirn in Verbindung. Die Summe dieser Nervenfasern macht den starken Sehnerv aus, der vom Auge zum Gehirn zieht. Erst in diesem entsteht die bewußte Empfindung — von einem einzelnen Punkt, der aus dem nächtlichen Dunkel aufleuchtet, in gleicher Weise wie von der unendlichen Zahl von Einzelpünktchen, die in der Tageshelle unser Gesichtsfeld ausfüllen und zu einem einheitlichen Bild des Gesehenen miteinander verschwimmen. Zuweilen hat man sich gefragt, warum uns die Welt nicht auf dem Kopf zu stehen scheint, da doch ihr Bild auf unserer Netzhaut verkehrt ist; diese Frage hat schon deshalb keinen Sinn, weil uns das Bild nicht in der Netzhaut, sondern im Gehirn bewußt wird, wo die Teilchen des Bildes längst wieder anders zueinander liegen — wie es der Verlauf der einzelnen Nervenfasern mit sich bringt.

Das *Auge der Biene* — und ebenso das Auge der anderen Insekten — hat keine Pupille, keine Regenbogenhaut, keine Linse. Die Netzhaut im Augenhintergrunde ist der menschlichen Netzhaut vergleichbar. Aber das Bild auf der Netzhaut entsteht in anderer Weise. Die stark gewölbten Augen stehen seitlich am Kopfe (vgl. Abb. 16, S. 17). Ihre Oberfläche erscheint, durch eine scharfe Lupe betrachtet, auf das zierlichste gefeldert, facettiert, daher der Ausdruck *Facettenauge* für diese Sehorgane (vgl. Abb. 55). So wird der abweichende innere Bau schon äußerlich bemerkbar. Aber deutlich erkennt man ihn erst, wenn man mit der nötiger. Vorsicht das Auge durchschneidet (Abb. 55, 56). Die gefelderte Augenoberfläche ist eine Bildung des Chitins, das als Hautpanzer den ganzen Insektenkörper bekleidet, und entspricht als äußerer Schutz der Hornhaut unseres Auges. An jedes Hornhautfeldchen schließt sich ein kristallklares, kegelförmiges Gebilde an, der Kristallkegel (*K* in Abb. 55 und 56). Er sammelt die Lichtstrahlen, die in seiner Blickrichtung liegen, und leitet sie dem Netzhautstab *N* zu; alle Netzhautstäbe zusammen bilden die Netzhaut. Ein solches Feldchen samt anschließendem Röhrchen und zugehörigem Netzhautstab nennt man einen Augenkeil. Das Auge einer Arbeitsbiene ist nun aus rund 5000 dicht aneinanderliegenden Augenkeilen aufgebaut, die alle — und das ist wichtig — in der Längsrichtung ein bißchen nach innen gegeneinander geneigt verlaufen, so daß nicht zwei von ihnen genau gleich gerichtet sind. Jedes dieser Röhrchen ist seitlich rundum mit einer schwarzen, lichtundurchlässigen Schicht umgeben, so wie ein Bein vom Strumpf umhüllt ist.

Denken wir uns wieder im Gesichtsfeld des Auges einen leuchtenden Punkt *(A)*, der nach allen Seiten Lichtstrahlen aussendet, so werden diese Strahlen auch auf die ganze Oberfläche des Auges treffen. Aber nur in jenem Augenkeil, in dessen Richtung der Punkt liegt, werden die Strahlen bis zum Sehstab gelangen *(a)*. Die anderen, etwas schräg getroffenen Augenkeile verschlucken die Lichtstrahlen mit ihren schwarzen Strumpfhüllen,

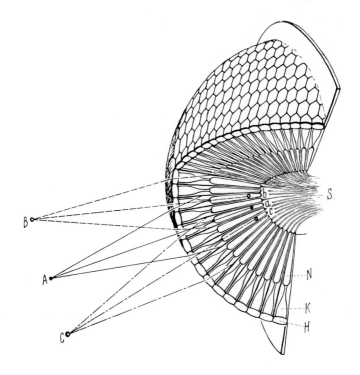

Abb. 55. Facettenauge. (Schema). *H* Hornhaut, *K* Kristallkegel, *N* Sehstab, *S* Sehnerv. Den Punkten *A*, *B* und *C* im Gesichtsfeld entsprechen die Bildpunkte *a*, *b* und *c* in der Netzhaut, es entsteht ein aufrechtes Bild

bevor sie bis zur lichtempfindlichen Netzhaut gekommen sind. Ein anderer, höhergelegener Punkt *B* liegt in der Blickrichtung eines höherliegenden Augenkeiles, ein tiefergelegener Punkt *(C)* wird durch einen entsprechend tieferliegenden Augenkeil aufgefangen und zur Netzhaut geleitet (Abb. 55). Dies gilt nun für die zahllosen Punkte, aus denen ein Gegenstand zusammengesetzt gedacht werden kann. Jeder Augenkeil sticht gleichsam ein winziges Teilchen, das in seiner Blickrichtung liegt, aus dem gesamten Gesichtsfeld heraus. Wie aus der Abbildung unmittelbar hervorgeht, entsteht in solcher Art kein verkehrtes Netzhautbild wie im Linsenauge, sondern ein aufrechtes. Dieser Gegensatz ist viel besprochen worden. Er hat aber an sich keine wesentliche Bedeutung; er ergibt sich daraus, daß bei der Biene der Inhalt des ganzen Gesichtsfeldes schon an der Augenoberfläche in ein Mosaik kleinster Bildteilchen zerlegt wird, die durch die Augenkeile einzeln den Netzhautstäben und von hier dem Gehirn zugeleitet werden; dagegen entwirft bei unserem Auge die Linse ein einheitliches, verkehrtes Bild, das erst durch die Netzhautstäbchen selbst in ein Mosaik zerlegt und dem Gehirn weitergegeben wird. Da wie dort ist es Aufgabe des Gehirns, die Mosaiksteinchen des Netzhautbildes zum geistigen Gesamtbild zusammenzufügen.

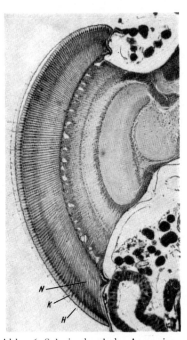

Abb. 56. Schnitt durch das Auge einer Biene. *H* Hornhaut, *K* Kristallkegel, *N* Netzhaut. Im oberen Augenbereich hat sich bei der Konservierung an einer kleinen Stelle die Hornhaut von der Schicht der Kristallkegel etwas abgehoben. (Photo: A. Langwald)

Die Zeichnung Abb. 55 ist vergrößert und vereinfacht, um die Bildentstehung deutlich zu machen. Wie zahlreich, wie zierlich und regelmäßig die Augenkeile in Wirklichkeit aneinandergefügt sind, davon mag Abb. 56 eine Vorstellung geben. Sie zeigt einen Schnitt durch das Auge einer Biene durch ein Mikroskop photographisch aufgenommen.

Nun möchten wir natürlich wissen, wie scharf ein Insektenauge, das in seinem Bau von dem unseren so grundlegend abweicht, die Gegenstände seiner Umgebung wohl sehen mag. Es gibt verschiedene Wege, um hierfür einige Anhaltspunkte zu gewinnen.

Am anschaulichsten ist stets die unmittelbare Betrachtung. Es ist gelungen, ein Bild, wie es die Augenkeile eines Leuchtkäferchens auf seiner Netzhaut entstehen lassen, zu beobachten und, durch ein Mikroskop vergrößert, im Lichtbild festzuhalten (Abb. 57). Die Aufnahme zeigt uns den Ausblick aus einem Fenster und man erkennt das Fensterkreuz, den Buchstaben *R*, der auf eine Scheibe aufgeklebt ist, und einen Kirchturm in weiterer Ferne — all dies gesehen durch das Auge eines Leuchtkäferchens. Der Grund, warum gerade dieses kleine Insekt zu dem Versuch verwendet wurde, ist, daß bei ihm die Augenkeile vorne an der Hornhaut festgewachsen sind und daher nicht in Unordnung geraten, wenn man das Auge mit einem feinen Messerchen abkappt. Es gelingt so, die Gesamtheit der Augenkeile von der Netzhaut zu trennen und das von ihnen entworfene Bild durch ein Mikroskop zu betrachten oder zu photographieren. Im Vergleich mit den Wahrnehmungen eines normalen menschlichen Auges erscheint es reichlich verschwommen.

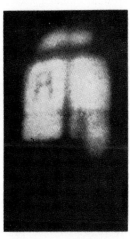

Abb. 57. Ausblick aus einem Fenster, gesehen durch das Auge eines Leuchtkäferchens: Mikrophotographie des Netzhautbildes im Auge eines Leuchtkäferchens (120fach vergrößert). Durch das Bogenfenster ist eine Kirche zu sehen. Auf einer Fensterscheibe ist ein aus schwarzem Papier geschnittener Buchstabe *R* aufgeklebt (nach S. Exner)

Zu einem ganz entsprechenden Ergebnis führt die anatomische Untersuchung. Eine einfache Überlegung zeigt, daß das Netzhautbild eines Insektenauges um so mehr Einzelheiten aus dem

Gesichtsfeld enthalten, also um so schärfer sein kann, je mehr Augenkeile für dieses Feld zur Verfügung stehen — genauso, wie ein Mosaikbild eine um so getreuere Nachbildung eines Gegenstandes mit allen Einzelheiten gestattet, je zahlreicher die Mosaiksteinchen sind, die zu seiner Darstellung verwendet werden. In Abb. 58 können vom Auge a die drei Punkte nicht getrennt wahrgenommen werden, da sie in den Sehbereich eines einzigen

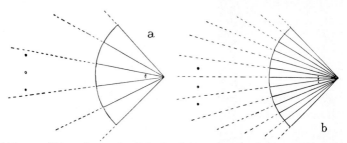

Abb. 58. Abhängigkeit der Sehschärfe des Insektenauges von der Zahl der Augenkeile

Augenkeiles fallen. Das Auge b kann sie gesondert wahrnehmen, da sie hier in getrennten Augenkeilen abgebildet werden. Man sieht: je kleinere Winkel die Einzelaugen einschließen, desto besser wird das räumliche Auflösungsvermögen sein. Beim Bienenauge haben diese Winkel angenähert die Größe eines Bogengrades. Zwei Punkte, die unter einem kleineren Winkel erscheinen, können daher nicht mehr voneinander unterschieden werden. Ein scharfes Menschenauge vermag noch zwei Punkte getrennt wahrzunehmen, die nur im Abstand einer Bogen*minute* (= $^1/_{60}$ Grad) zu sehen sind. Die Sehschärfe der Bienen muß also um ein Vielfaches schlechter sein als die unsere.

Wie sich das bei der Formwahrnehmung auswirkt, darüber können wir die Bienen selbst um Auskunft bitten. So hat sich in Dressurversuchen gezeigt, daß sie die zwei Blumenformen der Abb. 59 leicht und mit großer Sicherheit voneinander unterscheiden lernen. Doch ist ihr Formensehen mit dem unseren schwer vergleichbar. Denn für sie ist neben der Gestalt einer Figur *der Grad ihrer Gliederung in Einzelelemente* ein bedeutungsvolles Merkmal, das weitgehend für die Wirksamkeit einer Form bestimmend ist. Die Blumen kommen dem vielfach durch starke Aufgliederung ihrer Kronen entgegen.

Das mag sonderbar klingen. Man wird es besser verstehen, wenn man bedenkt, daß die Sehorgane der Biene unbeweglich sind. Sie kann nicht die Augen rollen und kann nicht den Blick

Abb. 59. Figuren, die von den Bienen leicht und sicher unterschieden werden

auf einen Gegenstand richten, der gerade ihr Interesse erweckt. Ihre 10000 Äuglein sind rechts und links starr am Kopf festgewachsen und nach allen Richtungen gestellt (vgl. Abb. 55, S. 79). Im Fluge wechseln fortwährend und sehr rasch die Eindrücke, welche die Einzelaugen von den vorüberziehenden Gegenständen empfangen.

Wenn wir in einem finsteren Raum in rascher Folge Lichtblitze aufleuchten lassen, so haben wir den Eindruck von *flimmerndem* Licht. Folgen mehr als 20 Lichtblitze im Zeitraum einer Sekunde aufeinander, so kann sie unser Auge nicht mehr getrennt wahrnehmen, sie verschmelzen zum Eindruck dauernder Helligkeit. Das macht sich ja das Filmtheater zunutze, indem es in jeder Sekunde 22 bis 25 Einzelbildchen des Filmstreifens aufeinander folgen läßt und hiermit unserem Auge eine ununterbrochene Bewegung vortäuscht; wir bemerken nicht, daß jeweils für den Bruchteil einer Sekunde Dunkelheit herrscht, während das Band von einem Bild zum nächsten weiter transportiert wird. Gäbe es im Bienenstaat ein Kino, so müßte der Apparat den Bienen mehr als 200 Einzelbildchen in jeder Sekunde vorführen, damit sie sich nicht über „Flimmern" beklagen. Ihr Auge kann in der gleichen Zeit etwa 10 mal so viele Einzeleindrücke getrennt wahrnehmen als unser Auge. Es ist dadurch zum Sehen von Bewegungen besonders tauglich und glänzend geeignet, die rasch wechselnden Eindrücke zu erfassen, wenn ruhende Dinge beim Flug vor ihren Augen vorüberziehen. Das geringe *räumliche Auflösungsvermögen*

(s. S. 82) wird durch ein hervorragendes *zeitliches Auflösungsvermögen* ausgeglichen. Es ist daher verständlich, daß sie nicht so sehr auf ruhige Formen und geschlossene Flächen achten wie auf die Änderungen im Sehfeld, und daß ihnen reich gegliederte Licht- und Farbmuster vor allem einprägsam sind.

Die Wahrnehmung von polarisiertem Licht

Die meisten Menschen wissen nichts von „polarisiertem Licht". Sie interessieren sich auch nicht dafür, weil wir es ohne besondere Hilfsmittel nicht wahrnehmen.

In der Schule haben wir gelernt, daß man das Licht als eine Wellenbewegung auffassen kann, die sich mit ungeheurer Geschwindigkeit durch den Raum fortpflanzt, daß hierbei die Schwingungen quer zur Fortpflanzungsrichtung der Lichtstrahlen vor sich gehen (transversale Wellen) und daß im natürlichen Licht der Sonne die Schwingungsebene eine beliebige sein kann und fortwährend rasch und in ungeordneter Weise wechselt. In Abb. 60a versinnbildlicht der Punkt einen gerade auf uns zukommenden Lichtstrahl, die Striche deuten einige der vorkommenden und einander ablösenden Schwingungsrichtungen an. Bei *polarisiertem Licht* sind die Schwingungen in bestimmter Weise ausgerichtet und liegen alle in *einer* Ebene (Abb. 60b).

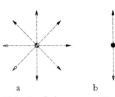

a   b

Abb. 60. Schema zur Erklärung des Unterschiedes zwischen a natürlichem Licht und b polarisiertem Licht (vgl. Text)

Polarisiertes Licht ist in der Natur durchaus nichts Seltenes. Sonnenlicht, das von einem Spiegel, von einer Wasserfläche oder von der nassen Straße zurückgeworfen wird, ist teilweise (unter Umständen sogar vollständig) polarisiert; der blaue Himmel ist reich an polarisiertem Licht; wir bemerken es nicht, weil für unser Auge zwischen natürlichem und polarisiertem Licht kein Unterschied besteht. Für die Augen der Insekten und anderer Gliederfüßer ist aber polarisiertes Licht etwas Besonderes. Sie können seine Schwingungsrichtung erkennen und benützen das für ihre Orientierung im Raum (s. S. 88ff.). Das gilt auch für Bienen. An solchen hat man diese Fähigkeit entdeckt.

Man kann polarisiertes Licht künstlich herstellen, z. B. mit einem Nikolschen Prisma. Auch werden große, durchsichtige Folien angefertigt, die das durchfallende Licht vollständig polarisieren. Mit solchen läßt sich leicht feststellen, ob ein Licht, von dessen Beschaffenheit wir nichts wissen, polarisiert ist, und gegebenenfalls wie seine Schwingungsrichtung liegt. Das mag Abb. 61 anschaulich machen. Aus einer Polarisationsfolie wurden längliche Streifen so ausgeschnitten, daß die Schwingungsrichtung des

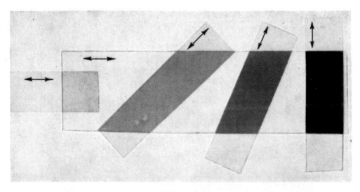

Abb. 61. Polarisationsfolien, an welchen die Schwingungsrichtung durch die Doppelpfeile angegeben ist, werden in verschiedener Stellung zur Deckung gebracht. Zunehmende Auslöschung des Lichtes

durchgelassenen Lichtes den Längsseiten der Rechtecke parallel steht. Wir können nicht unmittelbar wahrnehmen, daß das Licht in dieser Weise, und daß es überhaupt polarisiert ist. Wir bemerken davon auch nichts, wenn wir vor das erste Filter ein zweites in gleicher Lage bringen, weil bei dieser Stellung das in der ersten Folie polarisierte Licht die zweite ungehindert passieren kann. Die überdeckte Stelle erscheint nur etwas weniger durchsichtig, weil die Folien einen leichten Farbton haben und ihrer zwei natürlich mehr Licht verschlucken als eine. Drehen wir aber die Folien gegeneinander, so wird das Licht immer dunkler und völlig ausgelöscht, sobald sie zueinander senkrecht stehen. Denn bei gekreuzter Stellung ist die zweite Folie für die Schwingungsrichtung, die in der ersten entsteht, undurchlässig; bei schräger Stellung wird nur ein Teil des Lichtes durch die zweite Folie durchgelassen; seine Intensität wird um so mehr geschwächt, je stärker die Schwingungsrichtungen der beiden Folien voneinander abweichen.

Eine etwas andere Anordnung nähert sich den Verhältnissen, wie sie bei den Sinneszellen von Insektenaugen vorkommen: Wir schneiden aus einer Polarisationsfolie gleichschenklige Dreiecke aus, und zwar derart, daß die Schwingungsrichtung des durchge-

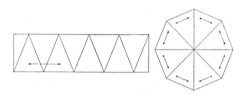

Abb. 62. a Polarisationsfolie mit Schnittmuster zur Herstellung der Sternfolie, b Sternfolie. Die Doppelpfeile geben die Schwingungsrichtung des polarisierten Lichtes an

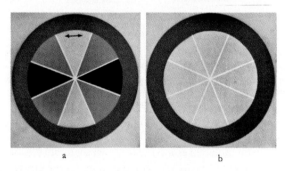

Abb. 63. Blick durch die Sternfolie: a gegen eine helle Fläche, die natürliches Licht aussendet, b gegen eine helle Fläche, von der polarisiertes Licht kommt, dessen Schwingungsrichtung durch den Doppelpfeil angegeben ist

lassenen Lichtes jeweils der Basis des Dreieckes parallel ist, und ordnen sie sternförmig an (Abb. 62). Blickt man durch diese Sternfolie gegen eine helle Fläche, die natürliches Licht aussendet, so erscheinen alle Dreiecke gleich hell (Abb. 63 a). Blickt man aber gegen eine Fläche, von der polarisiertes Licht kommt, so ergeben die Dreiecke ein Helligkeitsmuster (Abb. 63 b), das sich mit wech-

selnder Schwingungsrichtung des einfallenden Lichtes in bezeich-
nender Weise ändert und dessen Entstehung durch Abb. 61
erklärt ist. Mit einem solchen Modell läßt sich die Schwingungsrichtung polarisierten Lichtes erkennen.

Wir haben auf S. 79 dargestellt, wie das von den Einzelaugen
aufgenommene Licht den Netzhautstäbchen zugeleitet wird. Bei
sehr starker Vergrößerung sieht man bei der Biene in jedem Einzelauge 8 radiär angeordnete Sinneszellen (Abb. 64). Jede hat ihr
Sehstäbchen, wie es in Abb. 65 schematisch eingetragen ist. Unsere Sternfolie (Abb. 62) ist diesem Quer-
schnitt nachgebildet. Sie schien ein gutes
Modell für die Polarisationswahrnehmung
zu sein. Denn das Elektronenmikroskop
enthüllte bei 25 000facher Vergrößerung in

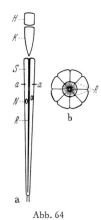

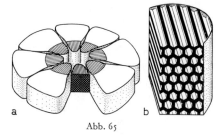

Abb. 64   Abb. 65

Abb. 64. a Ein Einzelauge aus dem zusammengesetzten Insektenauge
(vgl. Abb. 55), sehr stark vergrößert. b Querschnitt durch das Einzelauge entsprechend der Linie *a—a*. Noch stärker vergrößert. *S* Sinneszellen, *N* Zellkern der Sinneszelle, *R* Sehstab (der innerste licht-
empfindliche Teil der Sinneszellen), *K* Kristallkegel, *H* Hornhaut
(Chitinüberzug)

Abb. 65. a Ausgeschnittenes Querscheibchen aus den Sinneszellen entsprechend Abb. 64b, um die Feinstruktur der Sehstäbchen zu zeigen;
eine von den Sinneszellen ist bis auf ihr Sehstäbchen entfernt. b Ausschnitt aus einem Sehstäbchen, noch stärker vergrößert. Schema,
b nach Goldsmith u. Philpott. Schema

den Sehstäbchen von Insekten eine Feinstruktur von Röhrchen,
die mit größter Genauigkeit parallel ausgerichtet sind und senkrecht zur Richtung des Lichteinfalls stehen (Abb. 65); in diesen
Röhrchen sind die Moleküle des lichtempfindlichen Sehfarb-
stoffs orientiert eingelagert. Dank ihrer speziellen Anordnung

ließe sich die Wahrnehmung der Schwingungsrichtung polarisierten Lichtes erklären. Am wirksamsten absorbiert eine Sehzelle polarisiertes Licht, das parallel zur Richtung des Röhrchens schwingt. So kann bei sternförmiger Anordnung der Sinneszellen

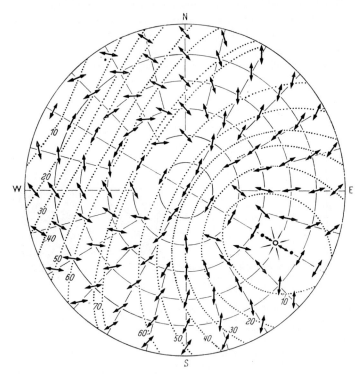

Abb. 66. Die Schwingungsrichtung des polarisierten Lichtes (Doppelpfeile) am blauen Himmelsgewölbe. Die Sonne steht südöstlich 30° über dem Horizont. Zahlen: Polarisation des Lichtes in Prozent. Die punktierten Linien verbinden Stellen gleichen Polarisationsgrades. Nach Stockhammer

ein typisches Helligkeitsmuster entstehen (Abb. 63 b) und die Analyse der Schwingungsrichtung vermitteln.

Aber haben denn Bienen die Gelegenheit, eine solche Fähigkeit nützlich anzuwenden? In ihrem finsteren Heimatstock natürlich nicht. Aber beim Flug im Freien, wenn sich über ihnen der blaue

Himmel wölbt, muß sich für Augen, die imstande sind es wahrzunehmen, ein einzigartiges Himmelsmuster von strenger Ordnung bieten. Denn das Licht, das vom blauen Himmel kommt, ist zum großen Teil polarisiert. Der Prozentsatz polarisierten Lichtes

Abb. 67. Die Sternfolie ist in einem Metallrahmen so montiert, daß sie gegen jede Himmelsrichtung und auf jede Höhe eingestellt werden kann. Himmelsrichtung und Neigung lassen sich an zwei Teilkreisen ablesen

und seine Schwingungsrichtung sind über den Himmel hin von Ort zu Ort verschieden (Abb. 66) und sie ändern sich an derselben Stelle mit der Tageszeit, weil sie mit dem Sonnenstand in gesetzmäßiger Beziehung stehen. Wenn man eine Sternfolie (Abb. 62r.) drehbar und kippbar montiert (Abb. 67) und durch sie den blauen Himmel betrachtet, erhält man ein anschauliches Bild von den Mustern, die in ihrer Anordnung und Intensität für jede Himmelsstelle zu gegebener Zeit bezeichnend sind (Abb. 68, S. 90).

Hier müssen wir aber *zwei Fragen* stellen: *Erstens:* ist es sicher, daß Insekten das polarisierte Licht wahrnehmen und zu ihrer Orientierung benützen können? Die Antwort ist: *ja.* Der Nach-

weis ist einfach. Um ihn zu verstehen, muß man aber die „Tänze"
der Bienen kennen. Wir bringen ihn darum erst auf S. 141 ff.

Zweitens: gilt für den Mechanismus der Wahrnehmung polarisierten Lichtes unser Modell der achtstrahligen Sternfolie, das
unseren Augen über die Verteilung der Schwingungsmuster am

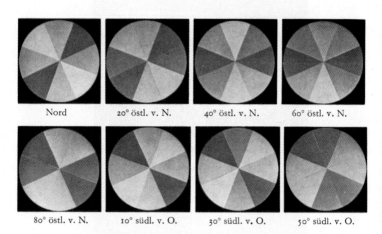

| Nord | 20° östl. v. N. | 40° östl. v. N. | 60° östl. v. N. |
| 80° östl. v. N. | 10° südl. v. O. | 30° südl. v. O. | 50° südl. v. O. |

Abb. 68. Aufnahmen des blauen Himmels durch die Sternfolie, 45° über
dem Horizont, in Abständen von je 20° von Nord bis 50° südl. v. Ost.
Bei München, 11. 9. 1964, 15 Uhr 03 bis 15 Uhr 11. (Photos: M. Renner)

Himmel so rasch und sicher Auskunft gibt? Die Antwort ist: *nein.*
Das Modell gibt zwar grundsätzlich die richtige Erklärung, ist
aber in anderer Weise verwirklicht. Weitere Untersuchungen
führten zunächst zu der Erkenntnis, daß bei den Bienen in je zwei
benachbarten Sinneszellen der Einzelaugen jene feinen Röhrchen
mit dem Sehstoff, die Mikrovilli, gleich ausgerichtet sind (Abb. 69).
Unsere Sternfolie müßte also vierstrahlig sein und nicht acht-
strahlig, um die Verhältnisse richtig wiederzugeben. Da die Mikrovilli in einander gegenüberstehenden Sinneszellen gleich ausgerichtet sind, stünden bei achtstrahliger Anordnung vier, bei der
vierstrahligen Anordnung aber nur zwei (zueinander senkrechte)
Gruppen der Mikrovilli für die Analyse zur Verfügung. Die Kon-
sequenzen brauchen wir nicht zu diskutieren. Denn überraschend
hat sich weiter herausgestellt, daß nicht die 8 langen Sinneszellen

des Einzelauges, die wir zunächst in Betracht gezogen haben, die entscheidende Rolle bei der Analyse des polarisierten Lichtes spielen. Vielmehr kommt diese Bedeutung einer neunten, mehr verborgenen und daher oft nicht beachteten Sinneszelle zu. Sie begleitet die übrigen Sinneszellen von der Basis her nur ein kurzes

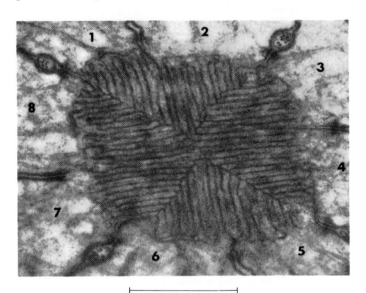

1/1 000 mm

Abb. 69. Querschnitt durch den Sehstab im Einzelauge einer Biene. Von den acht Sinneszellen (1—8) sind nur die innersten Teile mit den *Sehstäbchen* sichtbar. Von diesen sind je zwei benachbarte miteinander verschmolzen, ihre feinen Röhrchen (als Streifung erkennbar) gleich ausgerichtet. Elektronenmikroskopische Aufnahme, 29 000fache Vergrößerung. Nach Goldsmith

Stück und endet dann viel früher als die anderen. Die Mikrovilli dieser neunten Sinneszelle stehen natürlich nur in *einer* Richtung. Aber in benachbarten Einzelaugen ist ihre Verlaufsrichtung in strenger Ordnung verschieden, und zwar so, daß sie miteinander einen Winkel von etwa 40° einschließen. Durch ein Zusammenwirken der neunten Sinneszellen in benachbarten Einzelaugen wird so eine Analyse der Schwingungsrichtung ermöglicht, und zwar besser, als es bei senkrecht zueinander ausgerichteten Mikrovilli der Fall wäre. Es muß allerdings, um alle Leistungen der Bienen zu erklären, noch eine weitere Orientierungshilfe für sie angenommen werden. Erfolgversprechende Untersuchungen darüber sind lebhaft im Gange, doch ist hier die letzte Entscheidung noch nicht gefallen.

In dieser schier unerschöpflichen Fundgrube für sinnvolle Zusammenhänge hat sich noch ein weiterer Umstand von großer Bedeutung ergeben. Man kennt im Bienenauge dreierlei farbempfindliche, auf verschiedene Wellenlängen abgestimmte Sinneszellen (vgl. S. 68). Die neunte Sinneszelle ist ein *Ultraviolett*rezeptor. Nur das ultraviolette Licht wird von der Biene benützt, um die Schwingungsrichtung des polarisierten Lichtes zu erfahren und sie wendet sich um diese Auskunft an die zuverlässigste Quelle, die zur Verfügung steht. Denn durch die lokalen Wetterverhältnisse unterliegt die Polarisation unregelmäßigen Schwankungen, die im Rot und Gelb am größten sind (bis 10—20%), im Ultraviolett aber am kleinsten (nur 1—2%)[1].

So ist im Bienenauge zur Analyse des polarisierten Lichtes eine Apparatur von staunenswerter Vollkommenheit entwickelt. Von ihrer Bedeutung für die Orientierung wird noch die Rede sein (S. 104f.).

10. Das Orientierungsvermögen

Wir stehen vor einem großen Bienenhaus. Zwanzig Völker sind nebeneinander untergebracht, ein Stock sieht aus wie der andere. Tausende von Arbeitsbienen fliegen auf Tracht aus, pfeilschnell sausen sie davon, und die Heimkehrenden sieht man zielsicher und ohne Zaudern auf ihren Mutterstock zufliegen und im Flugspalt verschwinden. Wir fangen eine Biene ab, die eben nach Hause will, zeichnen sie durch einen Farbfleck, sperren sie in ein kleines Kästchen und lassen sie 2 km vom Bienenhaus entfernt fliegen. Ein Beobachter bleibt bei den Stöcken zurück — und berichtet uns, daß die gezeichnete Biene in ihren Stock geflogen ist, wenige Minuten, nachdem wir ihr die Freiheit wiedergegeben haben.

---

[1] Unveröffentlichte Messungen nach brieflicher Mitteilung von Dr. Sekera.

Man ist versucht, an eine unbekannte Kraft zu denken, die über kilometerweite Strecken die Bienen so sicher in ihren Heimatstock leitet. Aber eine junge Biene, die noch als Brutamme Dienst macht und den Stock noch nie verlassen hat, findet nicht heim, auch wenn wir sie nur 50 m weit wegtragen und dort in Freiheit setzen. Sie muß erst die Umgebung kennengelernt haben. Das geschieht, sobald sie um ihren 10. Lebenstag den ersten Ausflug macht (vgl. S. 43). Er dauert kaum 6 Minuten und gilt ausschließlich dem Zweck, die Lage des Heimatstockes und seiner Umgebung zu erkunden. Bienen sind geschwind. Sie brauchen nur 2 Minuten, um 1 km weit zu fliegen. Und sie sind bei ihrem Orientierungsflug sehr aufmerksam. Denn wenn man sie nach einem einzigen Ausflug abfängt und irgendwo in der Umgebung freiläßt, finden viele nun schon aus Abständen von mehreren hundert Metern nach Hause. Auf den ersten Orientierungsflug folgen einige weitere, und so kennen sie bald ihren ganzen Flugbereich, der mehrere Kilometer nach allen Richtungen umfassen kann. An noch entlegenere Punkte versetzt, finden auch die alten Trachtbienen nicht zurück. Die Lage des Heimatstockes muß also erlernt werden, so wie wir uns etwa in einer fremden Stadt beim Verlassen unseres Gasthofes gut umsehen müssen, um ihn wiederzufinden.

Ein weiterer Umstand paßt gleichfalls zu den Erfahrungen über unsere eigene Orientierungsgabe: auch Bienen können sich verirren. Wie oft es vorkommen mag, daß solche, die noch mangelhaft orientiert sind, ihr Bienenhaus überhaupt nicht wiederfinden und draußen zugrunde gehen, das wissen wir nicht. Aber, daß sie an einem großen Bienenhaus, dessen Stöcke ähnlich aussehen, sehr oft in einen falschen Stock fliegen, das wissen wir bestimmt. Es gibt ein einfaches Mittel, um sich davon zu überzeugen. Wir öffnen einen Stock und zeichnen einige hundert Insassen durch weiße Farbtupfen. Nach wenigen Tagen kann man weißgezeichnete Tiere auch in Nachbarstöcken und sogar noch bei recht abseits liegenden Völkern des Bienenhauses aus- und einfliegen sehen.

Manchen Imkern ist das bekannt und keineswegs erwünscht. Denn nicht immer lassen die Wächter fremde Bienen, die sie am Geruch als solche erkennen, unbehelligt einziehen. Oft kommt es am Flugloch zur Beißerei und Stecherei, es gibt tote Bienen, und es gibt zum mindesten verlorene Zeit, die der Imker lieber auf Honigsammeln verwendet sehen möchte. Ganz schlimm ist es aber, wenn eine Königin bei der Rückkehr vom Hochzeitsfluge den eigenen Stock mit einem fremden verwechselt. Es ist ihr sicherer Tod, und ihr ganzes Volk ist dem Untergang verfallen, wenn es nicht gelingt, rasch eine Ersatzkönigin zu schaffen.

Es ist darum ein alter Brauch vieler Bienenzüchter, die Vorderfront der Stöcke in verschiedenen Farben anzustreichen, um so den Bienen das Wiedererkennen ihrer Wohnung zu erleichtern. Das kann aber zu einem Mißerfolg führen, wenn man mit den Augen des Menschen die Farben auswählt, die für die Augen der Bienen bestimmt sind. Stellt der Bienenzüchter einen gelbe, grünen und orangeroten Stock nebeneinander oder einen roten neben einen schwarzen, dann kann er keinen Erfolg sehen, denn für die Bienen sind solche Farben ähnlich oder gleich.

Die Bedeutung von Farbe und Duft als Wegweiser für die heimkehrenden Bienen

In welchem Maße bei zweckmäßiger Farbenwahl dieses Erkennungszeichen des Heimatstockes zur Orientierung verwertet wird, kann man durch einfache Versuche erfahren:

Ein großes Bienenhaus, dessen Stöcke alle das gleiche Aussehen haben, ist hierzu geeignet. An einer Stelle desselben sind nebeneinander einige leere Bienenwohnungen untergebracht. Die Vorderwand einer solchen behängen wir mit einem großen blauen Blechschild und legen ein ebenso blaues Blech auf das Anflugbrettchen (Abb. 70a, Stock Nr. 4). Den rechten Nachbarstock, Nr. 5, versehen wir in gleicher Weise mit gelben Verkleidungen, der linke Nachbarstock (Nr. 3) bleibt unverkleidet und zeigt einen weißen Anstrich, mit dem alle Kästen dieses Bienenstandes ausgestattet sind. Dann geben wir in den blauen Stock ein Bienenvolk und warten einige Tage. Blau, Gelb und Weiß kann das Bienenauge gut unterscheiden. Benützen die ausfliegenden Bienen die gebotene blaue Farbe, um ihren Heimatstock zu erkennen, so kann man erwarten, daß sie sich durch Vertauschen der Blechschilder in den falschen Stock verleiten lassen werden. Eine Vorsichtsmaßregel ist dabei zu beachten. Auf die blauen Blechschilder des bewohnten Stockes, besonders auf das kleine Blech des Anflugbrettchens, haben sich in diesen Tagen zahllose Bienen gesetzt, als sie den Stock verließen und als sie wiederkamen. Die Bleche

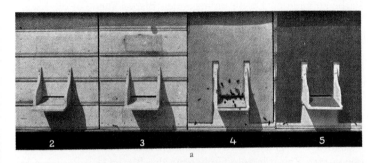

a

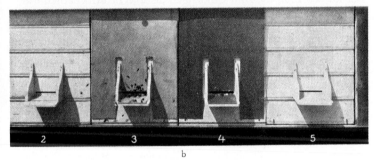

b

Abb. 70. Nachweis, daß die Bienen die Farbe ihres Stockes zur Orientierung benutzen. a Die normale Anordnung, an welche die Bienen gewöhnt sind. Stock Nr. 4 ist bevölkert und blau markiert, Nr. 5 ist leer und gelb markiert, Nr. 2 und 3 ohne Marken (weiß) und leer. Die Blechmarken sind auf der Rückseite mit der Gegenfarbe gestrichen. b Stock Nr. 4 wurde durch Umdrehen der Marken gelb gemacht, die Marken von Nr. 5 wurden umgedreht (blau) an Stock Nr. 3 gebracht. Alle heimkehrenden Bienen ziehen in den unbewohnten, jetzt blauen Stock Nr. 3 ein

haben daher einen Bienengeruch angenommen, der auch für die menschliche Nase deutlich wahrnehmbar ist. Würden wir die blauen Bleche an den Nachbarstock geben, und würden nun die Bienen in den unbewohnten blauen Stock fliegen, so wüßten wir nicht, ob sie sich nach der blauen Farbe oder nach dem

Geruch der Bleche richten. Das haben wir uns schon vorher überlegt, und wir haben darum die blauen Bleche auf der Rückseite gelb, die gelben auf der Rückseite blau gestrichen. Nun brauchen wir sie nicht auszutauschen, sondern nur umzudrehen, um die Farbe zu ändern. Da die anfliegenden Bienen auch auf die Nachbarstöcke achten, machen wir es so, daß die Lagebeziehung zu den Nachbarfarben unverändert bleibt: am bewohnten Stock Nr. 4 drehen wir die Bleche um und verwandeln dadurch seine blaue Farbe in Gelb. Die Bleche des rechten Nachbarstockes nehmen wir ab und bringen sie umgedreht an den linken Nachbarstock, der somit blau erscheint. Jetzt bleibt die Farbenfolge erhalten, es steht links vom blauen Stock ein weißer, rechts ein gelber, wie es die Bienen gewohnt sind. Der Erfolg ist verblüffend: Der ganze Schwall heimkehrender Bienen, der sich in der kurzen Zeit, die zum Umhängen der Bleche erforderlich war, vor dem Bienenhause angesammelt hat, zieht, ohne einen Augenblick zu zögern, in den falschen Stock ein, durch die blaue Farbe verführt, und so bleibt es auch in den folgenden Minuten (Abb. 70b); alle abfliegenden Bienen kommen aus dem gelben, alle heimkehrenden fliegen in den blauen Kasten.

Es geht daraus klar hervor, welch entscheidender Einfluß einem zweckentsprechenden farbigen Anstrich für die Orientierung am Bienenstande zukommt. Was der Versuch lehrt, bestätigt sich im großen. Streicht man auf einem Bienenstande die Kästen in solchen Farben, daß sie für das Bienenauge gut unterscheidbar sind, dann kommt es nur mehr selten vor, daß eine Biene sich verirrt. Zeichnet man wieder einige hundert Bewohner eines Stockes mit Farbtupfen, so sieht man sie Tage und Wochen hindurch ausschließlich an ihrem Heimatstock verkehren. Und entsprechend leicht fällt es auch der Königin, sich beim Hochzeitsflug und bei den vorangehenden Orientierungsflügen zurechtzufinden. Auf dem großen und mustergültigen Bienenstande des oberbayrischen Klosters St. Ottilien haben die Patres vom Jahre 1920 an über alle Königinnen gewissenhaft Buch geführt. 1920 und 1921 waren die Bienenstöcke noch nicht farbig gestrichen. In diesen beiden Jahren gingen von 21 jungen Königinnen 16 verloren. Nun wurden alle Bienenstöcke in zweckmäßiger, d. h. in einer dem Farbensinn der Bienen entsprechenden Weise mit

Farbanstrichen versehen. In den darauffolgenden fünf Jahren kamen von 42 Jungköniginnen nur mehr 3 zu Verlust.

Wenn der Imker diese Kenntnisse praktisch anwenden will, muß er folgendes beachten: Für die Bienen gut unterscheidbar sind z. B. *Blau, Gelb, Schwarz* und *Weiß*. Er muß sich auf gut unterscheidbare Farben beschränken und muß dafür sorgen, daß

Abb. 71. Muster für zweckmäßige Farbenwahl und Farbenanordnung, um den Bienen das Auffinden ihres Heimatstockes so leicht wie möglich zu machen. Statt Schwarz kann auch Scharlachrot gewählt werden, das den Bienen schwarz erscheint

zwischen zwei gleichfarbigen Stöcken derselben Kastenreihe mindestens zwei andersfarbige Stöcke stehen. Wo derselbe Anstrich wiederkehrt, muß man vermeiden, daß sich auch die Farben des linken und rechten Nachbarstockes in gleicher Anordnung wiederholen. Denn auch die Nachbarfarben und ihre Lage zum Heimatstock sind Orientierungsmarken für die Bienen (Abb. 71). Es ist unzweckmäßig, nur die Anflugbrettchen zu streichen, vielmehr soll die ganze Vorderwand der Bienenkästen farbig sein. Beachtet man die Bedeutung des ultravioletten Lichts für den Farbensinn der Bienen (S. 66, 71 ff.), so läßt sich die Zahl der für sie gut unterscheidbaren Anstrichfarben von 4 auf 6 erhöhen. *Sachtolithweiß* wirft das für uns unsichtbare Ultraviolett zurück, ist also auch für Bienen weiß, während es von *Zinkweiß* verschluckt wird; genau wie die weißen Blumenfarben (S. 71) ist dieses daher für Bienen blaugrün. *Kobaltblau* 660[1] reflektiert auch Ultraviolett und ist daher „bienenviolett", während *Echtlichtblau* 821 RTLA[1] auch für Bienen rein blau ist. Als Gelb ist *Echtgelb* 51 PN[1] zu empfehlen. Benützt man Rot, so muß es ein reines Rot sein, nicht rotgelb oder rotblau und man darf es statt Schwarz, aber nicht *neben* ihm verwenden, weil für die Bienen Schwarz und Rot gleich aussehen. Wer sich an diese Regeln hält, erleichtert den Bienen das Heimfinden in ihre Wohnungen, soweit es nach unserem Wissen möglich ist.

Die Farbe ist nicht das einzige Orientierungsmerkmal für die Bienen. An unbemalten Bienenständen richten sie sich nach dem Abstand ihres Fluglochs von der nächsten Ecke des Bienenhauses oder nach anderen optischen Marken. Sie richten sich vor allem auch nach dem Geruch ihrer eigenen Wohnung. Von großer Wichtigkeit ist auch der Geruch, den die Arbeitsbienen in ihrem Duftorgan erzeugen und dessen Bedeutung für die Verständigung über den Ort einer reichen Trachtquelle wir noch kennenlernen werden (vgl. S. 122 f.). Auch am Heimatstock machen die Bienen von diesem Duftorgan auffälligen Gebrauch, sobald eine Markierung ihrer Wohnung besonders wichtig ist: so an den ersten Flugtagen im zeitigen Frühjahr, wenn die Erinnerungsbilder über die Lage des Stockes durch die lange Winterruhe verblaßt sind, oder nach dem Einzug eines Schwarmes in sein neues Heim. Im Flugspalt und auf den Anflugbrettchen sieht man sie dann sitzen, den Kopf zum Flugloch gewandt, den Hinterleib aufwärts gerichtet — so stülpen sie ihre Duftfalte aus und fächeln mit schwirrender Flügelbewegung den ankommenden Kameraden ihren Duft entgegen (Abb. 72). Der Imker sagt, die Bienen „sterzeln". Der Sterzelduft ist bei verschiedenen Völkern derselbe, er sagt also nur: „Hier sind Bienen" und nicht: „Hier ist dein Volk". Er war gewiß nützlicher bei der alten Siedlungsweise der Bienen, zerstreut in hohlen Bäumen des Waldes, als an den bei uns üblichen Bienenständen, wo die Völker so unnatürlich zusammengepfercht sind wie die Wohnungen der Menschen in

---

[1] Pigment der Fa. BASF Farben + Fasern AG Unternehmensbereich Siegle, Postfach 300620 7000 Stuttgart 30 (Feuerbach), Vertrieb über die Firma Simon & Werner GMBH & Co, KG, Postfach 22, 6231 Schwalbach/Ts.

einer Großstadt. Da können sie sich nur — von optischen Marken abgesehen — nach dem zwar schwächeren, aber spezifischen Geruch ihres Stockes selbst vergewissern, ob sie an der rechten Pforte

Abb. 72. „Sterzelnde" Bienen: In der Umgebung des Flugloches sitzende Bienen markieren diese Stelle durch den Geruch ihres ausgestülpten Duftorganes. Durch Flügelfächeln werfen sie den heimkehrenden Stockgenossen den Duft entgegen (Photo: E. Schuhmacher)

sind. Dieser Stockgeruch hat je nach den eingetragenen Nektar- und Pollensorten und anderen zum großen Teil noch unerforschten Komponenten sein eigenes Gepräge, so gut wie jede menschliche Behausung für eine aufmerksame Nase.

Der Himmelskompaß

Die Wikinger kannten keinen Kompaß. Sie richteten sich bei weiten Fahrten über den Ozean nach Sonne, Mond und Sternen.

Man kann die Gestirne in zweifacher Weise zur Orientierung benützen, je nachdem, ob es nur um eine kurze Zeitspanne geht oder um eine längere Reise. Nehmen wir an, wir wären in einer uns unbekannten Gegend zu Gast in einem einsamen Landheim und wollen ein anderes Haus aufsuchen, das $1/4$ Wegstunde entfernt und von unserem Standort in der unebenen Landschaft nicht sichtbar ist. Man zeigt uns die Richtung. Wenn wir sie nicht verlieren wollen, brauchen wir nur darauf zu achten, daß wir bei der kurzen Wanderung stets die gleiche Stellung zur Sonne beibehalten — dann bewegen wir uns auf gerader Linie. Das ist ein Verfahren, das von Tieren vielfach benützt wird. Man hat es zuerst bei manchen Ameisen beobachtet. Wenn eine solche von ihrem Nest aus eine Erkundungsreise unternimmt, bewegt sie sich in bestimmtem Winkel zum Sonnenstand und infolgedessen ge-

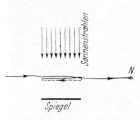

Abb. 73. Spiegelversuch zum Nachweis der Orientierung nach der Sonne bei Ameisen. Gestrichelte Linie: Weg der Ameise, während sie die Sonne im Spiegel sieht. *N* Nest. (Santschi)

radlinig. Um zurückzufinden, nimmt sie die spiegelbildliche Stellung zur Sonne ein. Daß sie wirklich nach dem Himmelsgestirn durch die Gegend steuert, ergibt sich aus einem ebenso einfachen wie überzeugenden Versuch: Wenn man die heimkehrende Ameise durch einen Schirm beschattet und ihr gleichzeitig in einem Spiegel die Sonne von der entgegengesetzten Seite zeigt, so ändert sie augenblicklich die Richtung und schlägt den verkehrten Weg ein (Abb. 73).

Auf längere Dauer ist diese Methode nicht brauchbar, weil ja Sonne, Mond und Sterne ihre Stellung ändern. Hätten die Wikinger nicht gewußt, daß die Sonne am Morgen im Osten, mittags im Süden und abends im Westen steht, so wären sie auf hoher See im Kreise gefahren. Es ist eine wahrhaft erstaunliche Sache, daß auch Bienen die Sonne als zuverlässigen Kompaß zu brauchen verstehen, indem sie ihren Standort beachten und gleichzeitig die Tageszeit in Rechnung stellen. Sie besitzen zwar keine Uhr, aber einen Zeitsinn, von dessen Leistungsfähigkeit noch zu berichten sein wird (S. 149ff.).

Daß die Bienen wirklich in dieser Weise vom Sonnenstand Gebrauch machen, ergibt sich zwingend aus folgendem Versuch: Wir legen einen Futterplatz an, der von unserem Beobachtungsstock in westlicher Richtung 200 m entfernt ist und füttern daselbst 2 bis 3 Dutzend numerierte Bienen von früh bis abends mit Zuckerwasser. Der Unterlage ist ein wenig Duft (z. B. Lavendelöl) beigegeben. Nach einigen Tagen verschließen wir frühmorgens den Stock und versetzen ihn in eine viele Kilometer weit entfernte, andersartige Landschaft. Je 200 m vom Aufstellungsort entfernt nach Westen, Osten, Norden und Süden werden 4 gleichartige Futtertischchen mit Zuckerwasser und Lavendelduft aufgestellt. Bei jedem sitzt ein Beobachter, der jede Biene, die sich am Schälchen niederläßt, sofort abfängt. Die veränderte Gegend bietet

Abb. 74a. Die Umgebung des Bienenstockes im Versetzungsversuch. Blick vom westlich gelegenen Futtertischchen (F) nach Osten. Der Stock steht hinter Bäumen und Häusern, die große Linde in der Mitte des Bildes liegt auf halbem Wege der Flugstrecke (vgl. Abb. s. 102)

dem Auge keine brauchbaren Wegmarken, um die gewohnte Himmelsrichtung zu erkennen (vgl. Abb. 74a und b). Auch der Stock selbst bietet keinen Anhaltspunkt, denn wir haben ihm eine andere Orientierung gegeben und das früher nach Osten gerichtete Flugloch weist nun nach Süden. Trotzdem stellen sich alsbald einige von unseren numerierten Bienen und allmählich die große Mehrzahl von ihnen am Beobachtungsplatz *im Westen* ein, während sich nur wenige von ihnen zu den Futterplätzen verirren, die nach den drei anderen Himmelsrichtungen liegen. Sie müssen sich an den Sonnenstand gehalten haben, als sie auf der Suche nach der erprobten Gaststätte auch in der fremden Landschaft die gewohnte

Richtung einschlugen. Aber bei ihren letzten Sammelflügen am Abend vorher war die Sonne im Westen zu sehen, zur Zeit des Versuches stand sie am Osthimmel. Also haben die Bienen ihren Tageslauf in Rechnung gestellt.

Man muß sie gar nicht tagelang an einen Futterplatz gewöhnen, damit ein solches Experiment gelingt. Ein Beobachtungsstock wurde an einem schönen Sommertag auf dem Lande aufgestellt

Abb. 74b. Die Umgebung des Bienenstockes im Versetzungsversuch. Blick vom westlichen Futtertischchen *(F)* gegen den Stock *nach* seiner Versetzung. Er steht inmitten einer freien Wiesenfläche hinter den beiden Gestalten, die sich im Bilde rechts hell gegen den dunklen Wald abheben

und erst mittags das Flugloch geöffnet. Von 3 bis 4 Uhr nachmittags wurden an einem nordwestlich vom Stock in 180 m Abstand angelegten Futterplatz 42 Bienen numeriert und bis 8 Uhr abends daselbst gefüttert (Abb. 75 a). Als dieses Bienenvolk am nächsten Morgen zu neuem Fluge erwachte, stand es von diesem Platze 23 km entfernt am Ufer eines Baggersees in ganz anderer Landschaft. Und doch kamen von den am *Nachmittag* gezeichneten und gefütterten Bienen nun am *Vormittage* 15 an den westlichen Futterplatz, je 2 an den nördlichen und südlichen und keine an den östlichen (Abb. 75 b). Die meisten stellten sich schon am Morgen zwischen 7 und 8 Uhr ein. Sie müssen also nicht erst

die Erfahrung machen, daß sie beim Fluge zu ihrem westlichen
Futterplatz die Sonne früh hinter sich und abends vor sich haben.
Sie sind mit der Stellung der Sonne zu jeder Stunde des Tages
soweit vertraut, daß sie die Richtung zum Futterplatz, die sie sich
abends nach dem Himmelskompaß eingeprägt haben, auch nach
dem anderen morgendlichen Sonnenstand wiederfinden.

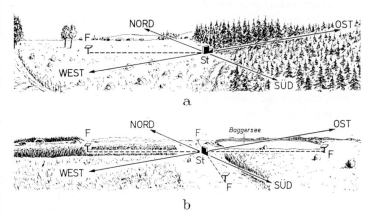

Abb. 75. Ein anderer Versetzungsversuch. a Der Beobachtungsstock *(St)*
vor der Versetzung. *F* der Futterplatz 180 m vom Stock. b Der Bienenstock *nach* der Versetzung. 4 Futtertischchen in den 4 Himmelsrichtungen

Ist ihnen dieses „Wissen" angeboren? Beruht das Steuern nach
dem Sonnenstand auf einer Jahrmillionen alten, im Erbgut ver-
ankerten Tradition des Bienengeschlechtes? Nein — und ja:
Man kann die Bienen selbst darüber befragen. Wenn man
Jungbienen in einem Kellerraum hält, wo sie keine Möglichkeit
haben, den Sonnenstand zu beobachten, sie dann ins Freiland
bringt, sogleich auf eine Himmelsrichtung dressiert und am
folgenden Tag in eine fremde Gegend versetzt, so versagen sie
und erweisen sich außerstande, die andressierte Himmelsrichtung
wieder zu finden. Sie sind zu dieser Leistung erst befähigt, nachdem sie durch mehrere Tage in freiem Flug den täglichen Sonnenlauf kennengelernt haben. Das ist sehr weise eingerichtet. Denn
die Sonnenbahn ändert sich mit der Jahreszeit. Auch bleibt sie
in verschiedener geographischer Lage nicht dieselbe. Beschwingte
Wesen können sich verhältnismäßig rasch auf der Erde ver-

breiten. Da wäre eine starre, erblich festgelegte Bindung an das für *einen* Ort der Erde gültige Schema ungünstig. Gar wo der Mensch heute seine Honiglieferanten mit leichter Hand von einem Erdteil nach einem anderen verfrachtet, müßte eine heillose Verwirrung entstehen. Darum kann auch der Imker zufrieden sein, daß jede Biene in ihren jungen Tagen den Sonnenlauf nach den örtlich gegebenen Verhältnissen erlernen muß.

Nun ist aber sehr merkwürdig, daß sich die kleinen Astronomen dabei ganz hervorragend begabt zeigen und die folgende schwierige Prüfung bestehen: ein Bienenvolk wird vormittags stets im Keller gehalten und darf mehrere Tage lang nur nachmittags im Freien fliegen. Die Jungbienen können nur den nachmittägigen Sonnenlauf beobachten. Dann werden sie in einer fremden Gegend am Nachmittag auf eine Kompaßrichtung dressiert und am nächsten Morgen abermals in eine andere Landschaft versetzt. Sie fliegen nach der andressierten Himmelsrichtung. Sie haben allein aus dem nachmittägigen Sonnengang den vollen Tageslauf der Sonne erfaßt. Da Bienen sich in anderen Lebenslagen keineswegs als scharfsinnige Denker erweisen, sind sie wohl für diesen lebenswichtigen Lernvorgang von Natur aus besonders veranlagt — und in diesem Sinne hat doch wohl die erbliche Überlieferung aus vergangenen Generationen bedeutsam ihre Finger im Spiel.

Der Mond und die funkelnden Sternbilder, für die alten Wikinger die Richtmarken am Nachthimmel, sagen den Bienen nichts — die bleiben nachts daheim. Aber unterm blauen Himmelszelt des Tages sind sie jedem menschlichen Steuermann überlegen. Denn ihre Augen erkennen ja polarisiertes Licht und seine Schwingungsrichtung. Das für uns einförmige Himmelsblau ist für sie übersät mit örtlichen Kennzeichen, den Schwingungsmustern der Polarisation (s. Abb. 66, S. 88). Es ist also nicht so, daß die fliegenden Bienen nur mit dem winzigen Augenbezirk, der direkt nach der Sonne blickt, deren Stellung erkennen. Sie nehmen zugleich mit Tausenden von Einzelaugen das bezeichnende Polarisationsmuster auf, das an den Sonnenstand gekoppelt ist. So sind sie an einem weiten Himmelsbereich gleichsam optisch verankert und jede kleinste Abweichung von der Flugrichtung wird vielfältig registriert. Die Biene wird dabei kaum die Wahrnehmungen der Einzelaugen getrennt beobachten. Wie für unser Bewußtsein die Empfindungen, die von den einzelnen Sinneszellen der Netzhaut und von *beiden* Augen geliefert werden, zu einem einheitlichen Raumbild verschmelzen, so werden wohl auch die von den Bienenaugen aufgenommenen Muster von ihrem Gehirn zu einem einheitlichen Gesamteindruck verarbeitet werden, von dessen Art wir freilich keine Ahnung haben.

Steht die Sonne hinter einem Berg oder ist sie bereits untergegangen, so können sich die Bienen allein nach der Polarisation des blauen Himmelslichtes ebenso gut orientieren wie nach der Sonne. Ist der Himmel dick bewölkt, so genügt schon ein kleiner blauer Himmelsfleck zum Erkennen der Kompaßrichtung. Bei völlig überzogenem Himmel hilft ihnen die Polarisationswahrnehmung nichts, denn Wolkenlicht ist nicht polarisiert. Aber auch da sind sie uns überlegen, weil sie die Sonne bei zunehmender Wolkendichte noch wesentlich länger sehen als wir. So mancher Kapitän mag sie um diese Fähigkeit beneiden. Erst dichte Regenwolken verhindern ihre Orientierung am Himmel. Aber bei solchem Wetter bleiben sie ohnehin daheim.

Himmel und Erde in Konkurrenz

Da sich die Bienen sowohl nach der Sonne und dem von ihr abhängigen polarisierten Himmelslicht, wie auch nach irdischen Landmarken richten, möchte man wissen, welche von beiden Orientierungsweisen für sie die größere Bedeutung hat. Man kann es erfahren, wenn man Himmel und Erde miteinander in Konkurrenz setzt. Das ist nicht schwer, wo sich für ein solches Vorhaben ein geeignetes Gelände bietet:

Ein Bienenvolk wird an einem Waldrand aufgestellt, der an eine große freie Wiesenfläche grenzt, und eine numerierte Bienenschar entlang dem Waldrand an eine südlich gelegene Futterstelle gewöhnt (Abb. 76a). Am nächsten Morgen wird das Volk in eine entfernte, ihm unbekannte Gegend gebracht und an einem sehr ähnlichen Waldrand aufgestellt, der aber in west-östlicher Richtung verläuft (Abb. 76b und 77). Werden die Bienen nun, dem Himmelskompaß folgend, ins freie Feld hinaus nach Süden fliegen oder den Waldrand als Leitlinie benützen, den sie tags zuvor bei ihren Flügen nach dem Futterplatz stets zur rechten Seite gehabt hatten, und die Richtung nach Westen einhalten? Im Versuch folgte die überwiegende Mehrheit dem Waldrand. Aus Abb. 76b ersieht man die Lage der Futtertischchen und die Zahl der Bienen unserer numerierten Schar, die dort erschienen sind und bei ihrer Ankunft abgefangen wurden. Im gleichen Sinne fiel ein zweites Experiment aus, bei dem die Fluglinie in einem Abstand von 60 m parallel zum Waldrand nach dem Futterplatz führte. Als aber in einem dritten Versuch der Wald 210 m entfernt lag und seine Höhe, vom Boden bis zu den Wipfeln, nur mehr unter einem Winkel von 3—4° erschien (Abb. 78), da war er als Landmarke zu unscheinbar. Er wurde in der Konkurrenz vom Himmelskompaß ausgestochen, die Bienen flogen im Versetzungsversuch ins freie Feld hinaus, nach Süden.

So kann man verschiedenartige Landmarken mit dem Sonnenstand in Konflikt bringen und ihr Gewicht daran messen, ob die irdische oder die himmlische Orientierungsweise den Sieg davonträgt. Wie ein naher Wald, so sind auch Straßen oder Flußufer vorzügliche Leitlinien, während ein einzelstehender Baum an der Fluglinie gegen die Orientierung am Himmel nicht aufkommt.

Mit Versuchen von solcher Art in größerer Abwandlung ließe sich die Bedeutung landschaftlicher Orientierungsmarken für die Bienen noch viel genauer erkunden. Die Schwierigkeit liegt im erforderlichen Zeitaufwand. Denn die gewünschten Szenerien kann man nicht schaffen, man muß suchen, wo die Natur sie bietet.

Orientierung nach dem Erdmagnetismus

Mit der Wahrnehmung des polarisierten Himmelslichtes haben uns die Bienen eine Fähigkeit enthüllt, die von keinem Lebewesen bekannt war. In jüngster Zeit kam dazu die Entdeckung, daß sie auch von einer anderen, unseren Sinnen ver-

Abb. 76. a Eine numerierte Bienenschar wurde daran gewöhnt, vom Bienenstock St entlang dem von Nord nach Süd verlaufenden Waldrand zu dem Futtertischchen F zu fliegen. b Am folgenden Tag an einen anderen, ost-westlich verlaufenden Waldrand versetzt, folgten die meisten Bienen dem Waldrand als Leitlinie und nicht dem Himmelskompaß. F_1 bis F_3 Futtertischchen. Die beigefügten Zahlen geben an, wie viele Bienen der numerierten Schar bei jedem Tischchen erschienen sind

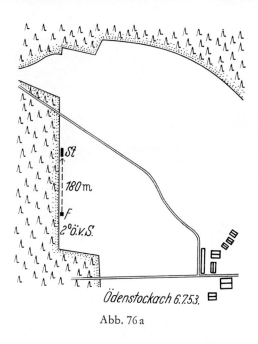

Abb. 76a

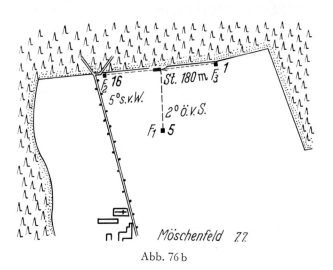

Abb. 76b

Abb. 77. Blick vom Stock *St* nach dem 180 m entfernten Futtertischchen F_2, nach der Versetzung an den west-östlich verlaufenden Waldrand

Abb. 78. Blick vom Beobachtungsstock nach dem 210 m entfernten Waldrand. Er ist in diesem Abstand schon zu unscheinbar, um sich als Leitmarke gegen den Himmelskompaß durchzusetzen

schlossenen Erscheinung nützlichen Gebrauch machen können: vom Erdmagnetismus.

Man versteht darunter die Kraft, die ein beweglich angebrachtes Magnetstäbchen, z. B. eine Kompaßnadel, in die Richtung zum magnetischen Nordpol einstellt. Der geographische Nordpol liegt etwas anders, die Abweichung („Mißweisung") wird als *Deklina-*

tion bezeichnet. Ein in seinem Schwerpunkt frei beweglich aufgehängtes Magnetstäbchen wird durch den Erdmagnetismus auch gegen das Innere der Erde in einem bestimmten Winkel geneigt *(Inklination)*. Deklination und Inklination haben eine bestimmte Stärke *(Intensität)*. Durch diese drei Elemente ist die Wirkung des Magnetfeldes an jedem Ort der Erde zu gegebener Zeit genau definiert.

Die Natur bietet im Erdmagnetismus eine Orientierungshilfe, die *wir* nur indirekt, mit einem Kompaß nützen können. Die Bienen können die Kompaßrichtung selbst erkennen. Sie machen gelegentlich davon Gebrauch, wenn in ihrem dunklen Heim weder die Sonne noch blauer Himmel für sie sichtbar ist. Das zeigte sich im Verhalten eines Schwarmes bei der Anlage seines Wabenbaues.

In der Regel geht es dabei allerdings heutzutage nicht ganz natürlich zu. Während der Bienenschwarm zunächst an einem Ast hängt (Abb. 32, S. 35) und Kundschafter unterwegs sind, um eine geeignete Unterkunft zu finden (S. 145), macht sich der Imker den Schwarm zu eigen und bringt ihn in einen Kasten. Da bleibt den Bienen keine Wahl, sie bauen die Waben in die eingehängten Holzrähmchen (Abb. 5, S. 6). In früheren Zeiten, und auch heute, wenn einem unaufmerksamen Imker sein Schwarm entkommt, wird als natürliche Behausung etwa eine Felshöhle oder ein hohler Baum bezogen. Hier machen sich die Baubienen sofort an die Arbeit und schaffen schon am ersten Tag mehrere vertikal hängende, einander parallele Waben. Ihre vertikale Stellung ist verständlich, da jede Biene wohl entwickelte Schweresinnesorgane hat (S. 10, 11) und die Richtung nach unten kennt. Aber wie einigen sich mehrere hundert Baubienen, die gleichzeitig an verschiedenen Stellen arbeiten, über die Kompaßrichtung ihres gemeinsamen Werkes? Finden sie etwa an der Gestalt der Höhle hierfür einen Anhaltspunkt?

Um diese Möglichkeit auszuschließen wurde ein Bienenschwarm in einen Kartonzylinder gesetzt. Das Flugloch lag zentral im Boden (Abb. 79). Keine Himmelsrichtung war irgendwie ausgezeichnet. Und doch baute der Schwarm säuberlich ausgerichtete Waben (Abb. 80a). Er überraschte die Beobachter, indem er ihnen die Stellung im Raum gab, wie sie die Waben seines Muttervolkes gehabt hatten. Somit war keine spezielle Anweisung nötig. Nur mußten sie die Kompaßrichtung erkennen. Der Schwarm wurde anschließend in einen anderen Kartonzylinder versetzt. Die Richtung des Magnetfeldes im Bereich des Zylinders wurde künstlich um 40° verdreht. Darauf bauten die Bienen ihre neuen Waben

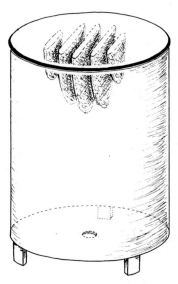

Abb. 79. Kartonzylinder als Bienenwohnung. Das Flugloch liegt zentral im Boden. Für die Ausrichtung der Waben bieten sich keinerlei Marken. Nach M. G. Oehmke

gleichfalls um 40° gegenüber der früheren Richtung verdreht. Hiermit ist ihre Orientierung nach dem Magnetfeld klar erwiesen. In einem 10fach verstärkten, radiär angelegten Magnetfeld wurden sie dieser verrückten Situation gerecht, indem sie eine zylindrische Wabe bauten (Abb. 80b.).

Man hat schon lange die Orientierung der Zugvögel auf die Wahrnehmung magnetischer Kräfte zurückführen wollen. Diese Annahme wurde immer wieder bezweifelt, in neuerer Zeit aber durch Versuche gestützt. Bei Bienen liegt bisher kein Hinweis vor, daß sie sich *bei ihren Flügen* nach dem Magnetfeld der Erde orientieren. Aber in einem anderen und unvermuteten Bereich, bei ihrem Zeitsinn, kommen wir auf dieses Thema noch einmal zurück (S. 154).

Über die physiologischen Grundlagen der Wahrnehmung des Erdmagnetismus gibt es bisher nur unbewiesene Vermutungen.

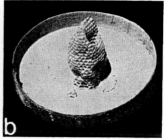

Abb. 80. a In einem Kartonzylinder errichtete Waben. Sie haben dieselbe Kompaßrichtung wie die Waben im Muttervolk. b In einem zehnfach verstärkten und radiär verzerrten Magnetfeld wurde diese zylindrische Wabe angelegt. Entgegen dem Brauch wurde sie von unten nach oben gebaut (Photo: M. G. Oehmke)

11. Wie die Bienen miteinander reden

Es wurde in früheren Abschnitten von Dressurversuchen gesprochen, die uns über das Sinnesleben der Bienen Aufschluß gaben. Für solche Experimente brauchten wir Bienen auf einem im Freien aufgestellten Versuchstisch. Um sie anzulocken, wurde ein mit Honig beträufelter Papierbogen auf den Tisch gelegt. Meist dauerte es einige Stunden, zuweilen mehrere Tage, bis eine herumsuchende Biene den Honig entdeckte und sich an der verschwenderischen Fülle gütlich tat. Jetzt hatten wir gewonnenes Spiel und durften gleich unsere Vorbereitungen treffen. Denn wir konnten sicher sein, daß nicht nur diese eine wiederkehrt, sondern daß wir in Kürze Dutzende, ja Hunderte von Bienen auf dem Tische haben. Geht man ihrer Herkunft nach, so findet man, daß sie fast ausnahmslos dem gleichen Volk angehören wie die erste Entdeckerin. Es scheint also, daß diese den reichen Fund daheim verkündet und die anderen herbeiholt. Wie macht sie das?

Wir müssen schauen, wie sich die Heimkehrende benimmt und wie sich die anderen zu ihr verhalten. In einem gewöhnlichen Bienenstock ist das nicht zu sehen, wohl aber in unserem Beobachtungsstock (vgl. S. 40f). Wir stellen neben dem Stock ein Futterschälchen auf. Die erste Besucherin wird gezeichnet (vgl. S. 41), so daß wir sie im Gewühle der Stockgenossen wieder erkennen. Dann sieht man, wie sie zum Flugloch hereinkommt, auf den Waben aufwärts läuft und zunächst inmitten ihrer Stockgenossen still sitzen bleibt. Sie würgt den gesammelten Nektar aus ihrem Magen hervor, er erscheint als glänzender Tropfen vor ihrem Munde und wird sogleich von zwei oder drei Stockgenossen aufgesogen, die ihr den Rüssel entgegenstrecken (Abb. 81); diese sorgen für seine weitere Verwendung, füttern, je nach Bedarf, die hungrigen Kameraden oder vermehren den Honigvorrat in den Zellen — interne Angelegenheiten, mit denen sich die Sammlerin selbst nicht aufhält. Inzwischen bietet sich ein Schauspiel, wohl wert, von den großen Bienenpoeten besungen zu werden. Aber diese haben es noch nicht gekannt. Und so muß der Leser mit einer prosaischen Schilderung vorliebnehmen.

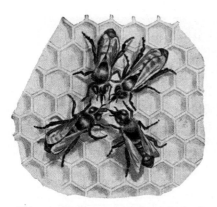

Abb. 81. Heimgekehrte Sammlerin (im Bilde links unten), den Nektar an drei andere Bienen abgebend

Ein Rundtanz als Verständigungsmittel

Die Sammlerin, die sich ihrer Bürde entledigt hat, beginnt eine Art *Rundtanz.* Sie läuft mit raschen, trippelnden Schritten auf dem Fleck der Wabe, wo sie gerade sitzt, in engen Kreisen herum, den Sinn der Drehung häufig ändernd, so daß sie einmal rechts herum, dann wieder links herum rast und in ständigem Wechsel bald so, dann wieder anders herum ein bis zwei Kreisbogen beschreibt. Dieser Tanz vollzieht sich im dichtesten Gedränge der Stockgenossen und wird dadurch besonders auffallend und reizvoll, daß er die Umgebung ansteckt; die Bienen, die der Tänzerin zunächst sitzen, trippeln hinter ihr drein und suchen durch die vorgestreckten Fühler mit ihrem Hinterleib Verbindung zu halten, machen auch alle Schwenkungen mit, so daß die Tänzerin bei ihren tollen Bewegungen stets gleichsam ein Schwanzbüschel von

Abb. 82. Der Rundtanz einer Nektarsammlerin auf der Wabe. Die Tänzerin wird von drei nachtrippelnden Bienen verfolgt, welche die Nachricht aufnehmen

anderen Bienen hinter sich herführt (Abb. 82). Ein paar Sekunden, eine halbe, eine volle Minute kann dieser Wirbel dauern, dann hört die Tänzerin unvermittelt auf, löst sich von ihrer Gefolgschaft, um häufig noch an einer zweiten und dritten Stelle der Waben ein Nektartröpfchen hervorzuwürgen und den gleichen Tanz anzuschließen. Dann aber eilt sie plötzlich wieder dem Flugloch zu und fliegt zum Futterplatz, um eine neue Ladung einzubringen, und bei jeder Heimkehr wiederholt sich das Schauspiel.

Der Tanz vollzieht sich unter normalen Umständen in der Finsternis des geschlossenen Bienenstockes. Die Tänzerin kann also von ihren Kameraden nicht gesehen werden. Wenn diese ihr Treiben bemerken und ihr bei allen Wendungen nachlaufen, so folgen sie hierbei ihren Tast- und Geruchswahrnehmungen.

Was hat dieser Rundtanz zu bedeuten? Es ist offensichtlich, daß er die nächsten Stockgenossen in helle Aufregung versetzt. Man kann auch beobachten, daß die eine oder andere aus der Gefolgschaft der Tänzerin Vorbereitungen zum Ausflug trifft, sich rasch ein bißchen putzt, dem Flugloch zustrebt und den Stock verläßt. Dann dauert es nicht lange, und an unserer Futterstelle gesellen sich zur ursprünglichen Entdeckerin die ersten Neulinge. Auch sie tanzen, wenn sie beladen heimkehren, und je mehr der Tänzerinnen werden, desto mehr Neulinge drängen sich an den Futterplatz. Der Zusammenhang ist nicht zu bezweifeln. Der Tanz verkündet im Stock die gefundene reiche Tracht. Aber wie finden die verständigten Bienen den *Ort*, wo das Futter zu holen ist?

Die nächstliegende Annahme ist, daß sie im Stock nach der Beendigung des Tanzes mit der Tänzerin zum Flugloch laufen und ihr nachfliegen, wenn sie den Futterplatz wieder aufsucht. Sorgsame Beobachtung lehrt, daß es so bestimmt *nicht* ist. Die Neulinge wissen offenbar gar nicht, wo das Ziel liegt. Sie erfahren durch die symbolische Geste des Rundtanzes nur, daß sie rund um den Stock suchen sollen, und das tun sie auch. Man kann sich davon durch einen einfachen Versuch überzeugen. Wir füttern eine kleine, gezeichnete Bienenschar auf einem Tischchen etwa 10 m südlich vom Stock. Dann stellen wir in südlicher, westlicher, nördlicher und östlicher Richtung Futterschälchen ins Gras. Wenige Minuten, nachdem die Sammlerinnen vom Südplatz zu tanzen begonnen haben, kommen Neulinge aus unserem Bienenstock bei *allen* Schälchen. Nehmen wir aber den sammelnden Bienen das Futter weg, dann benehmen sie sich nicht anders, als wenn die natürliche Blumentracht bei ungünstiger Witterung versiegt und die gewohnten Blüten vorübergehend keinen Nektar spenden: sie bleiben daheim, die Tänze hören auf. Und jetzt können unsere rundum aufgestellten Honigschälchen stunden- und tagelang im Grase stehen, ohne daß sie von einer einzigen Biene aufgefunden werden.

Darüber wird man sich vielleicht wundern. Denn die wenigen gezeichneten Bienen unserer Futterstelle sind ja nicht die einzigen Sammlerinnen des Volkes; während sie zum Zuckerwasserschälchen kamen, flogen gleichzeitig Hunderte ihrer Stockgenossen an verschiedene Blumen, um Blütenstaub und Nektar zu sammeln. Wenn wir am künstlichen Futterplatz mit der Fütterung aussetzen, so sammeln die anderen doch weiter. Warum senden sie, die von der Blumentracht kommen, nicht die Kameraden durch Tänze nach allen Seiten auf die Suche und so auch zu den Schälchen? Die Antwort ist: Sie senden sie wohl aus, wenn sie reiche Tracht fanden, aber nicht an die Zuckerwasserschälchen, sondern an jene Blütensorte, die sie selbst erfolgreich ausgebeutet haben!

Die biologische Bedeutung des Blütenduftes, von einer neuen Seite betrachtet

Nicht Glasschälchen, sondern Blumen sind die natürlichen Trinkgefäße der Bienen. Wir handeln naturgemäß, wenn wir auf unserem Futterplatz statt des gefüllten Zuckerwasserschälchens einen kleinen Blumenstrauß aufstellen, z. B. Alpenveilchen. Um beliebige Blumen verwenden zu können, und um uns davon unabhängig zu machen, ob sie gerade viel oder wenig Nektar absondern, geben wir in jede Blüte einen Tropfen Zuckerwasser, das wir in dem Maße ersetzen, wie es die Bienen davontragen. Damit diese nur in den Blumen Nahrung finden und nicht etwa herunterfallende Tropfen vom Tisch aufsammeln können, stellen wir die Blumenvase in eine größere Schüssel mit Wasser (Abb. 83). Die gezeichneten Bienen finden also an Alpenveilchen reiche Tracht und tanzen auf den Waben.

Abseits, an einer beliebigen Stelle, setzen wir ins Gras eine Schale mit Alpenveilchen, die nicht mit Zuckerwasser beschickt sind, und daneben eine Schale mit anderen Blumen, z. B. mit Phlox (Abb. 84). Der Alarm wirkt, und bald sieht man allerorten Bienen suchend über die Wiese schwärmen. Sie kommen auch an unsere Blumenschalen, sie fliegen an die Alpenveilchen und wühlen in den Blüten mit einer Ausdauer herum, als wären sie fest davon überzeugt, hier müsse etwas zu finden sein. Aber an der Schale mit den Phloxblüten fliegen sie gänzlich uninteressiert vorüber.

Jetzt entfernen wir am Futterplatz die Alpenveilchen und ersetzen sie durch Phloxblüten, die in gleicher Weise mit Zuckerwasser reich versehen sind. Es sammeln dieselben Bienen wie bisher, aber sie sammeln nicht mehr an Alpenveilchen, sondern an Phloxblüten (Abb. 85).

Auf dem Wiesenplatz bleibt alles stehen wie es war. Und schon nach wenigen Minuten ändert sich dort das Bild. Das Interesse an den Alpenveilchen läßt nach, die neu herankommenden Bienen befliegen die Phloxblüten, ja, überall im benachbarten Garten, wo Phloxstauden zu finden sind, sehen wir die Bienen emsig an den Blüten sich bemühen — ein kurioser Anblick für jeden, der weiß, daß die tiefen Blumenröhren dieser Blüten nur dem langen Rüssel der Schmetterlinge zugänglich sind, und daß die Bienen den tief geborgenen Nektar hier gar nicht erreichen können und daher unter normalen Umständen auch niemals an Phlox gesehen werden. Es ist ganz offenkundig, daß die suchenden Bienen wissen, wonach sie zu suchen haben, und daß die Tänzerinnen

Abb. 83. Alpenveilchen als Futterplatz für eine Bienenschar

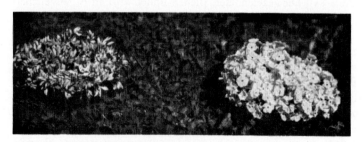

Abb. 84. Eine Schale mit Alpenveilchen und eine Schale mit Phloxblüten in der Wiese nicht weit vom Futterplatz Abb. 83. Die ausschwärmenden Neulinge interessieren sich nur für die Alpenveilchen

daheim verkündet haben, welche Blumensorte die Spenderin der reichen Tracht ist!

Der Versuch gelingt stets mit gutem Erfolg, ob wir an Alpenveilchen oder Phlox, an Enzian oder Wicken, Distelblüten oder Hahnenfuß, Bohnen oder Immortellen das Futter bieten. Die Zweckmäßigkeit leuchtet ein, sobald wir uns die natürlichen Verhältnisse vorstellen. Wenn eine neu erblühte Pflanzenart von suchenden Bienen entdeckt wird, so verkünden diese den Fund durch ihre Tänze im Stock; darauf fliegen die alarmierten Stockgenossen zielsicher *jene* Blütenart an, die durch reiche Nektarabsonderung die Tänze veranlaßt hat, anstatt ihre Zeit

Abb. 85. Fütterung der Bienenschar auf Phloxblüten

mit unnützem Herumsuchen an Blumen zu verlieren, die nichts zu bieten haben. Aber wie ist das zu erklären? Unmöglich können wir glauben, daß die Bienensprache für jede Blumenart ihren Ausdruck hat.

Und doch ist es so. Eine Blumensprache enthüllt sich hier, im wahren Sinne, unglaublich einfach, zweckmäßig und reizvoll. Während die Sammlerin den süßen Saft aus den Blumen saugt, bleibt etwas von dem Blütenduft an ihrem Körper haften. Sie duftet noch nach diesen Blumen, wenn sie nach der Heimkehr tanzt. Die Kameraden, die hinter ihr hertrippeln und sie dabei so lebhaft mit ihren Fühlern (den Geruchswerkzeugen) untersuchen, nehmen diesen Duft wahr, prägen ihn dem Gedächtnis ein, und nach diesem Duft suchen sie, wenn sie daraufhin durch die Gegend schwärmen.

Dieser Zusammenhang wird überzeugend deutlich, wenn man statt Blumen ätherische Öle oder künstliche Riechstoffe anwendet: Wir füttern gezeichnete Bienen aus einem Glasschälchen auf einer Unterlage, die nach Pfefferminz duftet. Nach dem Einsetzen der Tänze befliegen die ausschwärmenden Neulinge alle Gegenstände, wie immer sie aussehen, wenn wir ihnen durch eine Spur von Pfefferminzöl dessen Geruch verleihen. Andere Düfte beachten sie nicht. Wir brauchen nur den Riechstoff am Futterplatz zu wechseln, und mit dem dort gebotenen Duft ändert sich stets in entsprechender Weise das Ziel der suchenden Bienen.

Bei der ursprünglichen Anordnung aber, von der wir ausgegangen sind, bei der Fütterung an einem duftlosen Schälchen, vermißt die Gefolgschaft der Tänzerinnen an diesen einen spezifischen Duft. Auch jetzt ziehen sie nicht ohne jeden Anhaltspunkt in die Welt hinaus: sie wissen, daß alle die duftenden Blumen, denen sie auf ihrer Streife nahekommen, nicht die gesuchten sind, und verlieren an ihnen keine Zeit.

Einst sahen die Blütenbiologen im Duft der Blumen nur ein Mittel, die nach Nahrung suchenden Insekten anzulocken. Für die Bienen ist er überdies ein Merkzeichen, an dem sie die einmal beflogene Blütensorte wiedererkennen und von anderen, ähnlich gefärbten Blumen mit Sicherheit unterscheiden — die unerläßliche Voraussetzung ihrer Blütenstetigkeit (S. 48, 51). Aber seine Bedeutung geht weit darüber hinaus. Wie die prägnanten Ausdrücke einer Wortsprache vermittelt der heimgetragene spezifische Blütenduft den Stockgenossen so einfach wie eindeutig das Ziel der Suchflüge, zu denen sie der Tanz auffordert.

Wie die Bienen den Blütenduft nach Hause tragen

Ein flüchtiger Betrachter mag leicht geneigt sein, so manche Blumen als „geruchlos" anzusprechen. Der gelbe Hahnenfuß, der blaue Schwalbenwurz-Enzian, die roten Feuerbohnen leuchten uns von weitem entgegen, aber sie erfüllen unser Zimmer nicht mit Wohlgeruch. Und doch — wer nicht durch übermäßiges Rauchen sein Geruchsorgan abgestumpft hat, wird an ihnen einen zarten und für jede Sorte eigentümlichen Duft wahrnehmen, zumindest dann, wenn er ein Dutzend solcher Blüten zusammenfaßt und unmittelbar an die Nase hält. Nur als seltene Ausnahmen kommen bei insektenblütigen Pflanzen solche mit völlig duftlosen Blüten vor, so die Heidelbeeren oder der wilde Wein. Bei ihnen versagt tatsächlich, wie zu erwarten war, jene Verständigung im Volk über das Ziel der Suchflüge. Erstaunlich ist nur, daß schon der schwächste für uns wahrnehmbare Blütenduft hinreicht, um den Kameraden im Stock die Herkunft der Tänzerin zu verraten. Wie kommt es, daß diese einen so zarten Geruch der besuchten Blumen erkennbar bis nach Hause trägt?

Die Erklärung liegt zum Teil darin, daß Duftstoffe am Körper der Bienen sehr nachhaltig haften. Ihr äußeres Kleid ist von der Natur in besonderer Weise ausgestattet, um Duftstoffe an sich zu

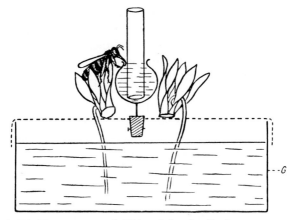

Abb. 86. Die Biene saugt nach Phlox duftendes Zuckerwasser aus dem Spalt, während ihr Körper den Duft von Alpenveilchen annimmt. *G* Glasschale mit Wasser, darüber ein Drahtnetz

binden. Doch kommt noch etwas weiteres hinzu: der im Blütengrunde abgesonderte Nektar (Abb. 13, S. 13) ruht in einem duftenden Kelch und ist daher mit dem spezifischen Blütenduft beladen. Die Sammlerin, die ihn aufschlürft, trägt in ihrer Honigblase mit diesem Nektar eine Duftprobe heim, die sie beim Verfüttern des Tropfens den umgebenden Bienen zur Kenntnis bringt. Darunter sind auch jene, die ihr beim Tanzen nachtrippeln und auf Suche fliegen, nachdem sie sich an ihrem Munde die Duftparole geholt haben. Wir wüßten gerne, was wirksamer ist: der äußerlich anhaftende oder der im Honigmagen eingetragene Duft? Das kann man erfahren, wenn man beide miteinander in Widerstreit bringt. Wir betropfen Phloxblüten mit Zuckerwasser, bis dieses nach etwa 1 Stunde mit dem Blütenduft geschwängert ist. Dann lassen wir einige Bienen das phloxduftende Zuckerwasser aus einem engen Spalt saugen, während sie gleichzeitig auf Zyklamenblüten sitzen (Abb. 86, S. 119). Wenn sie dann daheim tanzen, duften sie äußerlich nach Zyklamen und verfüttern nach Phlox duftendes Zuckerwasser. Um den Erfolg zu sehen, beobachten wir wieder eine Phlox- und Zyklamenschale, die in der Nähe des Futterplatzes im Grase stehen (Abb. 84, S. 116). *Beide* werden von deu Neulingen beflogen. Aber der im Magen eingetragene Duft gewinnt den Wettbewerb, wenn sich die Futterquelle in großer Entfernung vom Bienenstock befindet: Die weite Flugstrecke bedeutet eine ausgiebige Lüftung des Körpers. Dadurch verliert der äußerlich anhaftende Duft an Intensität. Dann richten sich die ausschwärmenden Neulinge überwiegend nach dem im Magen eingetragenen Blütenduft.

Wir erkennen daraus die große biologische Bedeutung des vom Nektar angenommenen Blumenduftes, den die Bienen in ihrer Honigblase wie in einem wohlverkorkten Fläschchen heimtragen und im Stock zur Geltung bringen.

Die Regelung zwischen Angebot und Nachfrage

Die Tänze der Bienen erhalten ihren vollen biologischen Sinn erst durch den Umstand, daß sie nur durch gute, ergiebige Futterquellen ausgelöst werden. Bei einer Tracht, die ein großes Aufgebot nicht lohnt, wird nicht getanzt.

Schneiden wir z. B. einige blühende Robinienzweige ab, stecken sie in ein Gefäß mit Wasser und bewahren sie an einem vor Insekten geschützten Ort auf, so hat sich nach einigen Stunden reichlich Nektar in den Blüten angesammelt. Nun bieten wir einer Bienenschar, die an einem künstlichen Futterplatz Zuckerwasser sammelt, den Robinienstrauß an. Sobald sie diese natürliche Trachtquelle ausbeuten, tanzen sie daheim und holen rasch Verstärkung herbei. Aber bald sind ihrer so viele, daß sie den Nektar rascher davontragen, als er von den Blüten neu gebildet wird. Aus dem Überfluß wird eine spärliche Tracht, das Sammeln geht zwar mit Ausdauer weiter, aber die Tänze hören nun auf, und die Sammlerschar erhält keinen neuen Zuwachs aus dem Heimatstock.

Neben der Menge ist die Süßigkeit des abgesonderten Nektars von entscheidender Bedeutung für die Ergiebigkeit der Tracht. Der Nektar mancher Blüten ist eine dickflüssige, „gesättigte" Zuckerlösung. Da lohnt es sich wahrlich, einzuheimsen, was der Magen faßt, und alle Kräfte aufzurufen. Andere Pflanzenarten bilden zur selben Zeit einen dünneren, weniger süßen Nektar. Mit der gleichen Menge Flüssigkeit tragen die Bienen weniger Zucker nach Hause. Für diesen Fundplatz ebenso lebhaft zur Mitarbeit aufzurufen, wäre nicht sinnvoll und tatsächlich geschieht es nicht. Damit die Bienen lebhaft und ausdauernd tanzen, muß der Zuckersaft nicht nur reichlich fließen, er muß auch sehr süß sein. Je weniger süß er ist, desto matter werden die Tänze; und je lässiger der Tanz, desto geringer wird seine werbende Kraft. Sinkt der Zuckergehalt unter einen gewissen Grad, so unterbleiben die Tänze ganz, auch wenn Nektar im Überfluß vorhanden ist.

So regelt sich in einfachster Weise die Größe des Aufgebotes von sammelnden Bienen nach der Ergiebigkeit der Trachtquelle.

Bei gleichzeitigem Erblühen mehrerer Pflanzenarten wird die Blütensorte, die nach Menge und Süße den besten Nektar führt, am stärksten beflogen. Denn die Bienen, die diese Blüten finden, tanzen lebhafter als andere, die zu gleicher Zeit eine weniger lohnende Trachtquelle entdeckt haben. Der spezifische Duft, den die tanzenden Bienen nach Hause bringen, bürgt für den richtigen Erfolg der abgestuften Werbung. Mit eindringlicher Deutlichkeit kann gemeldet werden, daß heute beim Duft der Pflaumenblüten am meisten zu holen ist. So wird der Nektarstrom aus jenen Quellen, die es am meisten verdienen, bevorzugt in die Honigkämmerlein der Bienen geleitet. Zugleich sichern sich die Blüten, die den meisten und süßesten Nektar zustande bringen, den regsten Bienenbesuch und auf diese Art die beste Bestäubung und den reichsten Samenansatz.

Das Duftfläschchen am Bienenkörper

Jede Arbeitsbiene trägt ein „Duftfläschchen" gebrauchsfertig bei sich — eigentlich eine kleine Duft*fabrik*. Sie ist nahe der Hinterleibsspitze in einer Hautfalte gelegen, die für gewöhnlich nach innen eingeschlagen und daher unsichtbar ist, aber als ein feuchtglänzender Wulst vorgestülpt werden kann (Abb. 87). Dann entweicht ein Riechstoff, der von mikroskopisch kleinen Drüsen in diese Hauttasche abgeschieden wird, frei nach außen. Er ist auch für uns als melissenartiger Geruch bemerkbar, für die Biene ist er ein intensiver, mehrere Meter weit wahrnehm-

Abb. 87. Drei Bienen am Futterschälchen; das links sitzende Tier stülpt das *Duftorgan* aus, welches als schmaler, glänzender Wulst knapp vor der Hinterleibsspitze (unter dem x) erkennbar ist. Die rechts sitzende Biene hat das Duftorgan eingezogen

barer Lockduft. Es war schon davon die Rede, wie beim „Sterzeln" durch diesen Duft der Weg zum Flugloch angezeigt wird (S. 98f). Auch Sammlerinnen benützen das Duftorgan beim Blütenbeflug, wenn lohnende Tracht die Mitwirkung weiterer Hilfskräfte erwünscht macht. Sie erleichtern den Kameraden, die sie durch ihre Tänze alarmiert und zum Ausflug veranlaßt haben, durch den Lockduft das Auffinden des Zieles.

Davon kann man sich durch ein eindrucksvolles Experiment überzeugen: Wir stellen in der Nähe eines Beobachtungsstockes zwei Zuckerwasserschälchen auf und lassen an jedem 1 Dutzend Bienen sammeln. Sie kommen aus demselben Stock, aber jede Schar kennt nur *ihr* Schälchen. Wir bieten nun an einem Schälchen „gute Tracht" (reichlich Zuckerwasser), am anderen „spärliche Tracht" (Fließpapier, mit Zuckerwasser so durchfeuchtet, daß eben noch weiter gesammelt wird). Die Sammlerinnen von der üppigen Tracht tanzen, die anderen nicht. Zur ersteren Schar gesellen sich in der gleichen Zeit etwa 10 mal so viele Neulinge als zu der anderen. Das ist sehr sinnvoll — doch wie kommt es dazu? Die Kameraden auf der Wabe können nicht wissen, von wo die Tänzerinnen kommen, denn ein Blütenduft war keinem der beiden Futterplätze beigegeben. Sie suchen ohne klares Ziel in der Umgebung herum. Aber wenn sie sich der reichen Futterquelle nähern, werden sie durch den Lockduft der anfliegenden Sammlerinnen angezogen, während sie am spärlich bedachten Schälchen, wo die Sammlerinnen ihr Duftorgan nicht betätigen, oft nahe vorüberfliegen, ohne es zu bemerken.

Daß es wirklich so ist, zeigt ein Kontrollversuch: Man kann das Duftfläschchen der Bienen gleichsam verstoppeln, indem man die Hautstelle mit einer zarten Schellack-Kappe überzieht. Sie können dann die Duftfalte nicht mehr ausstülpen. Das stört die Sammlerinnen nicht bei ihrer Tätigkeit, sie tanzen bei reicher Tracht genauso lebhaft wie zuvor. Diesmal wird an beiden Plätzen ein volles Zuckerwasserschälchen geboten. Beide Gruppen tanzen begeistert. Aber die Schar, die keinen Lockduft aussenden kann, erhält an Zuwachs nur den zehnten Teil der Bienen, die sich bei der anderen einfinden.

Die gleiche Rolle wie an den Glasschälchen spielt das Duftorgan beim natürlichen Blumenbesuch. Auch hier wird es nur betätigt, wenn *genügend süßer* Nektar *reichlich* abgeschieden wird.

Und dieselbe Bedeutung als Hinweis auf die Fundstelle hat es beim Eintragen von *Wasser*, das zeitweise — etwa zur Kühlung des Stockes (S. 29) — in Menge benötigt wird. Auch da fliegen Kundschafter aus und wenn sie an einer Uferstelle, an einem Brunnen, oft auch an einer künstlichen Tränke des vorsorglichen Imkers eine geeignete Quelle entdeckt haben, alarmieren sie die Kameraden im Stock genau so durch Tänze, wie sie es vielleicht selbst noch kürzlich zugunsten einer Nektarquelle getan haben und lenken die Neulinge mit allen Mitteln ans Ziel.

Wie genau die Bienen den Fundort einer nützlichen Entdeckung bekanntgeben können, werden erst die folgenden Seiten zeigen.

Der Schwänzeltanz verkündet die Entfernung der Futterquelle

Viele Jahre hindurch wurde bei unseren Versuchen der Futterplatz stets in unmittelbarer Nähe des Bienenstockes angelegt. Neulinge fanden sich in der Umgebung des Stockes rasch und zahlreich ein. Wenn Probeschälchen in größerer Entfernung aufgestellt wurden, während der Futterplatz in der Nähe des Stockes blieb, so kamen Neulinge um so später und spärlicher, je größer der Abstand war. Das erschien nicht auffällig. Es war ja einleuchtend, daß die alarmierten Bienen erst in der Nähe herumsuchten und wenn sie da nichts fanden, immer weitere Kreise

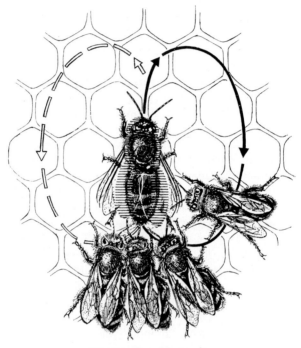

Abb. 88. Der *Schwänzeltanz*

zogen. Doch als eines Tages der Futterplatz in einem Abstande von mehreren hundert Metern eingerichtet wurde, da suchten in der nahen Umgebung des Stockes nur wenige Neulinge, während sie in der weit abgelegenen Gegend der Futterstelle in hellen Scharen angeflogen kamen. Es erwachte der Verdacht, daß der Tanz auch ansagt, wie weit man fliegen muß.

Richtet man es nun so ein, daß numerierte Bienen aus einem Beobachtungsstock in dessen Nähe, andere gezeichnete Tiere aus demselben Volk gleichzeitig an einem entfernten Futterplatz sammeln, so bietet sich auf den Waben ein überraschendes Bild: Alle Nahsammler machen *Rundtänze* (Abb. 82, S. 113), alle Fernsammler dagegen führen *Schwänzeltänze* auf. Die Biene läuft hierbei eine Strecke geradeaus, kehrt in einem Halbkreis zum Ausgangspunkt zurück, läuft wieder geradlinig, beschreibt einen Halbkreis nach der anderen Seite, und so kann es minutenlang am selben Fleck fortgehen (Abb. 88). Was diesen Tanz am auffälligsten vom Rundtanz unterscheidet, ist eine rasche Schwänzelbewegung mit dem Hinterleib, die stets während der geradlinigen Laufstrecke ausgeführt wird (Schwänzellauf). Zugleich gibt die Tänzerin ein Geräusch von sich, das auch für den Menschen wahrnehmbar ist, wenn man das eine Ende eines Plastikschlauches ins Ohr steckt und das andere Ende nahe an die tanzende Biene heranbringt. Die Schallerzeugung konnte mit Hilfe eines Mikrophones registriert werden. Die Schwingungen werden als wiederholte, sehr kurze Vibrationsstöße hervorgebracht (Abb. 89). Jeder einzelne Vibrationsstoß währt nur einen Bruchteil einer Sekunde ($^{15}/_{1000}$ sec), eine etwa ebenso kurze Pause trennt ihn vom nächsten. Die Schwingungsfrequenz der Einzeltöne liegt mit etwa 250 Hz angenähert um eine Oktave unter dem Kammerton a′ und entspricht der Schlagfrequenz der Flügelschwin-

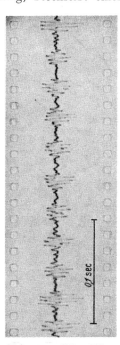

Abb. 89. Die Vibrationsbewegungen während des Schwänzellaufes, akustisch aufgenommen. Nach H. Esch.

gungen, es sind also kurz angedeutete Schwirrgeräusche, durch die Flugmuskulatur in der Brust erzeugt, ohne daß es zum Ausschlagen der Flügel kommt. Rund 30 solche Vibrationsstöße folgen einander im Laufe einer Sekunde. Diese letztere Frequenz ist es, die unser Ohr als schnarrendes Geräusch wahrnimmt. Durch Aufkleben eines winzigen Magneten auf den Rücken der Tänzerin ließen sich die Schwingungen auch elektromagnetisch auf Tonband aufnehmen, wobei die Schwänzelbewegungen des Hinterleibes mit aufgezeichnet wurden (Abb. 90). Man sieht, daß die kurzen Vibrationsstöße unabhängig von der Schwänzelbewegung dieser überlagert, also nicht an bestimmte Stellen der Schwänzelaus-

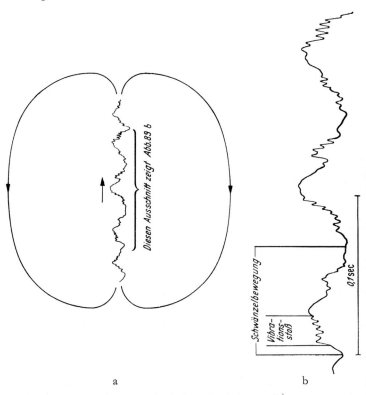

a   b

Abb. 90. Elektromagnetische Aufnahme der Schwänzelbewegungen mit den überlagerten Vibrationsbewegungen. Die in Abb. a bezeichneten drei Schwänzelbewegungen sind in Abb. b vegrößert wiedergegeben. Nach H. Esch.

schläge gebunden sind. Jedoch entspricht die Dauer der Lautproduktion genau der Dauer des Schwänzellaufes, der also nicht nur durch die Schwänzelbewegung, sondern zugleich durch die Schallproduktion im wahren Sinne des Wortes „betont" wird.

Es wurde schon erwähnt (S. 38), daß Bienen zwar durch Luft übertragene Schwingungen nicht „hören" können, aber für Vibrationen der Unterlage sehr feinfühlig sind. Daher können sie die Schwirrgeräusche der Tänzerin wahrnehmen, wenn sie ihr auf der Wabe nachtrippeln. Der Schwänzeltanz, und ganz besonders die Phase des geradlinigen Schwänzellaufes, wird von den Nachtänzerinnen mit großer Aufmerksamkeit verfolgt.

Verlegt man den nahen Futterplatz stufenweise in größere Entfernung, so gehen die Rundtänze der Sammlerinnen zwischen 50 und 100 m allmählich in Schwänzeltänze über. Rundtanz und Schwänzeltanz sind zwei verschiedene Ausdrücke der Bienensprache, die auf nahe gelegene und ferne Futterquellen hinweisen und, wie sich zeigen läßt, von den Stockgenossen in diesem Sinne verstanden werden[1].

---

[1] Die Honigbiene *(Apis mellifica)* hat sich in ihrem Verbreitungsgebiet in eine Anzahl geographische *Rassen* aufgegliedert. Wir haben für unsere Versuche hauptsächlich die Krainer Rasse *(A. m. carnica)* benützt. Nur bei dieser vollzieht sich der Übergang vom Rundtanz zum Schwänzeltanz, wie oben angegeben, erst in einem Abstand von 50 bis 100 m vom Stock, dagegen zum Beispiel bei der italienischen Rasse *(A. m. ligustica)* schon bei 10—20 m Abstand. In dieser und auch in anderer Hinsicht gibt es rassenmäßige Varianten, sozusagen *Dialekte der Bienensprache*. Wenn man etwa ein Mischvolk aus Krainer und Italiener Bienen zusammensetzt, so kommt es bei den alarmierten Neulingen zu Mißverständnissen über die angekündigte Entfernung. Doch soll hier auf solche Einzelheiten nicht eingegangen werden. Wir beschränken uns auf die am genauesten untersuchten Krainer Bienen.

Es sei aber erwähnt, daß sich die einzelnen Rassen auch in anderer Hinsicht voneinander unterscheiden: in ihrer Färbung, in kleinen gestaltlichen Besonderheiten, in ihrem Sammeleifer, in der Erregbarkeit und Stechlust und anderen Eigenschaften. Die in Afrika heimische Rasse *A. m. adansonii* wurde wegen ihres hervorragenden Sammeleifers nach Südamerika eingeführt, aber wegen ihrer Aggressivität mit sanftmütigen Rassen gekreuzt und hat sich als Mischrasse bewährt. Im Jahre 1957 sind leider 26 reinrassige importierte Afrikaner Völker in Südamerika entkommen und verwildert. Bei ihrem starken Schwarmtrieb haben sie sich rasch vermehrt und bereits fast über ganz Südamerika verbreitet. Sie sind unbeliebt, denn als Draufgänger berauben sie die bodenständigen Völker der Imker, töten auch deren Königinnen und besetzen die Beuten, sind aber wegen ihrer Stechlust unerwünscht. In Schlagzeilen der Zeitungen werden sie als „Mörderbienen" gebrandmarkt. Mag das auch etwas übertrieben sein, so beobachtet man doch in USA aufmerksam die Annäherung dieser tropischen Einwanderer und hofft, daß sie aus klimatischen Gründen die Grenze nicht überschreiten werden.

Nur mit der Angabe: „näher" oder „weiter als 100 m" wäre aber den Bienen, die ausfliegen und die Futterquelle finden sollen, wenig gedient. Denn ihr Flugbereich erstreckt sich auf mehrere Kilometer nach allen Seiten vom Heimatstock. Bei stufenweiser Verlagerung des Futterplatzes bis an die Grenzen des Flugbereiches offenbarte sich denn auch eine Gesetzmäßigkeit im Verlauf des Schwänzeltanzes, die den Bienen im Stock wie dem menschlichen Beobachter über die Entfernung der Trachtquelle noch viel genauere Kunde gibt. Bei einem Abstande von 100 m folgen die Wendungen (Abb. 88) rasch aufeinander, die Tänze sind hastig. Je größer die Entfernung, desto gemessener werden sie, desto langsamer folgen einander die Wendungen, desto länger und nachdrücklicher aber wird der geradlinige Schwänzellauf. Mit der Uhr in der Hand kann man feststellen, daß die Biene bei einer Entfernung der Futterquelle von 100 m die geradlinige Strecke der Tanzkurve in einer Viertelminute etwa 9 bis 10 mal durchläuft, bei 500 m etwa 6 mal, bei 1000 m 4 bis 5 mal, bei 5000 m 2 mal und bei 10000 m nur noch etwas mehr als 1 mal in der genannten Zeitspanne (Abb. 91)[1]. Nach unseren heutigen Kenntnissen liegt hierbei das maßgebende Signal für die Entfernung in der Zeitdauer des Schwänzellaufes, in der „Schwänzelzeit", die durch die Schwänzelbewegungen und durch die Schallerzeugung so scharf betont wird. Die Bienen müssen ein feines Zeitgefühl besitzen, welches die Tänzerin befähigt, sich im angemessenen Rhythmus zu bewegen, und zugleich ihre Stockgenossen instand setzt, ihn richtig aufzufassen und auszuwerten.

Können sie das wirklich? Und mit welcher Genauigkeit halten sich die ausschwärmenden Neulinge an die Entfernung, die ihnen der Schwänzeltanz angezeigt hat? Um das zu erfahren, füttern wir einige numerierte Bienen in bestimmtem Abstand vom Stock auf einer Unterlage, der ein wenig Orangenblütenöl beigegeben ist, mit Zuckerwasser und legen Duftköder der gleichen Art, aber ohne Futter, in verschiedenen Entfernungen aus. Die sammelnden Bienen tanzen auf den Waben und schicken ihre Kameraden auf die Suche nach der orangenduftenden Gaststätte. Bei einem sol-

---

[1] Nach so entlegenen Weideplätzen fliegen die Bienen nur, wenn sie sehr verlockend sind und an näher gelegenen Stellen nichts Rechtes zu finden ist.

chen Versuch war der Futterplatz 450 m vom Stock, und Duftplatten ohne Futter waren in der gleichen Richtung in Abständen von 100, 250, 400, 500, 650, 900 und 1200 m ausgelegt. Bei jeder saß ein Beobachter und verzeichnete durch 2 Stunden jede

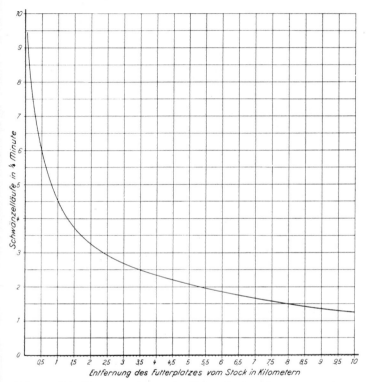

Abb. 91. Die Kurve macht anschaulich, wie das Tanztempo mit zunehmender Entfernung abnimmt. Links: Die Zahl der Schwänzelläufe je ¹/₄ Minute, unten: Die Entfernung des Futterplatzes vom Stock in Kilometern

anfliegende Biene. In Abb. 92a ist die Anzahl der Neulinge angegeben, die an den verschiedenen Platten erschienen sind, und die Kurve macht das Ergebnis augenfällig. Bei einem anderen Versuch befand sich der Futterplatz 2000 m vom Stock, die Duftköder (Lavendelöl) lagen in Entfernungen von 10, 100, 400,

800, 1200, 1600, 1950, 2050, 2400, 3000, 4000 und 5000 m (Abb. 92 b). Die alarmierten Bienen haben über Erwarten streng die Tanzanweisung befolgt und die Nachbarschaft der richtigen Entfernung stundenlang hartnäckig abgesucht.

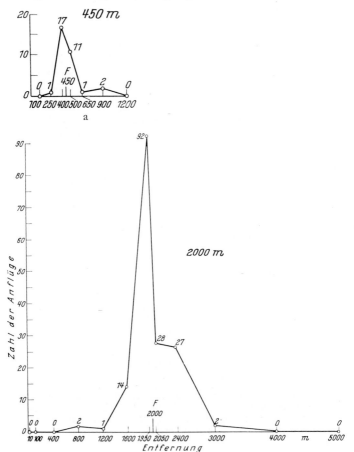

Abb. 92. Ergebnis von zwei „Stufenversuchen". Ein Futterplatz mit einigen numerierten Bienen war im 1. Versuch (a) 450 m vom Stock, im 2. Versuch (b) 2 km vom Stock eingerichtet. Die Zahlen bei den Kurvenpunkten geben die Anzahl der zugeflogenen Neulinge an den betreffenden Beobachtungsplätzen an, wo es kein Futter gab

Woher wissen sie überhaupt, wie weit sie geflogen sind und welche Entfernung sie also zu melden haben? *Wir* verständigen uns über Entfernungen nach Metern, zuweilen auch nach dem Zeitaufwand: „der Ort liegt eine Wegstunde von hier". Bienen benützen ein völlig anderes Maß: den benötigten *Kraftaufwand*. Bei unverändertem Abstand des Zieles zeigen die Tänzerinnen eine größere Entfernung an, wenn sie beim Hinflug Gegenwind haben, oder wenn sie einen Steilhang hinanfliegen müssen, oder wenn sie mit einem Gewichtchen belastet sind oder auf andere Weise eine vermehrte Arbeitsleistung gefordert wird. Besonders deutlich wird dieser Zusammenhang durch folgenden Versuch: Man kann Bienen zwingen, den Weg vom Stock zum Futterplatz zu Fuß zurückzulegen, indem man knapp über einem Laufbrett eine Glasplatte anbringt, die sie am Auffliegen hindert. Auch Fußgängerinnen tanzen nach der Heimkehr. Aber während frei fliegende Bienen bei einer Entfernung von 60—80 m vom Rundtanz zum Schwänzeltanz übergingen, geschah dasselbe bei Fußgängerinnen schon bei einem Zielabstand von 3—4 m. Wie steht es in beiden Fällen mit dem Kraftaufwand? Er läßt sich an ihrem Zuckerverbrauch messen. Und dieser lag bei einem Fußmarsch von 3—4 m gleich hoch wie bei einem Flug von 60—80 m.

Der Schwänzeltanz weist auch die Richtung zur Trachtquelle

Es würde dem Bienenvolk wenig nützen zu erfahren, daß 2 km vom Stock eine Linde in Blüte steht, wenn nicht zugleich die Richtung übermittelt würde, in der sie zu suchen ist. Tatsächlich enthält der Schwänzeltanz auch diesbezüglich eine Meldung. Sie ist durch die Richtung des geradlinigen Schwänzellaufes gegeben.

Die Bienen gebrauchen bei der Richtungsweisung zwei verschiedene Methoden, je nachdem, ob der Tanz — wie es gewöhnlich zutrifft — auf der *vertikalen* Wabenfläche im Bienenstock oder aber auf einer *horizontalen* Fläche, z. B. auf dem Anflugbrettchen vor dem Stock stattfindet. Die Richtungsweisung auf horizontaler Fläche ist als die stammesgeschichtlich ältere zu betrachten. Sie ist auch leichter verständlich und so beginnen wir mit ihr. Wir wollen uns daran erinnern, daß die Sonne als Kompaß benützt wird (S. 99 ff.). Wenn die Sammlerin beim Flug vom Stock zum

Futterplatz die Sonne z. B. unter einem Winkel von 40° links vor sich hatte, so hält sie nun hernach beim Schwänzellauf diesen selben Winkel zur Sonne ein und weist dadurch direkt nach dem Futterplatz (Abb. 93). Die nachtrippelnden Kameraden erfassen diesen Winkel zum Sonnenstand und indem sie ihn bei ihrem eigenen Ausflug einhalten, haben sie die Richtung zur Futterquelle. Das geht aber nur, wenn die Tänzerin die Sonne — oder wenigstens blauen Himmel (vgl. S. 100ff. und 141 ff.) — sieht, z. B. bei Tänzen auf dem Flugbrettchen, die nicht selten vorkommen,

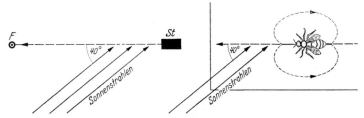

Abb. 93. Richtungsweisung nach dem Sonnenstand beim Tanz auf horizontaler Fläche. Links: *St* Stock, *F* Futterplatz, - - - - Flugrichtung zum Sammelplatz, rechts: Schwänzeltanz auf horizontaler Fläche

wenn bei warmer Witterung ein Teil der Insassen die heimkehrenden Sammlerinnen schon vor dem Flugspalt erwartet. Man kann auch eine Wabe aus dem Stock herausheben und unter freiem Himmel horizontal halten. Die tanzenden Bienen sind nicht so leicht aus der Fassung zu bringen. Sie weisen nach der Himmelsrichtung, in der sie gesammelt haben, und versetzen wir die liegende Wabe in Drehung, wie die Drehscheibe einer Eisenbahn, so lassen sie sich den Tanzboden unter den Füßen wegdrehen und halten ihre Richtung wie Kompaßnadeln. Sowie wir aber den Himmel für ihre Augen abdecken, tanzen sie wirr und völlig desorientiert.

Im Inneren des Bienenstockes ist es finster, vom Himmel ist nichts zu sehen; überdies stehen die Wabenflächen aufrecht und machen auch dadurch eine Richtungsweisung, wie wir sie eben kennen gelernt, unmöglich. Unter diesen Umständen gebrauchen die Bienen die zweite, sehr merkwürdige Methode. Sie übertragen den Winkel zur Sonne, den sie beim Flug zum Futterplatz einzuhalten hatten, auf die Richtung zur Schwerkraft, wobei sie sich des folgenden Schlüssels bedienen: Schwänzelläufe nach oben bedeuten, daß der Futterplatz in der Richtung zur Sonne liegt; Schwänzelläufe nach unten sagen die entgegengesetzte Richtung an; solche z. B. 60° nach links von der Richtung nach oben weisen auf eine Futterquelle 60° nach links von der Richtung zur Sonne

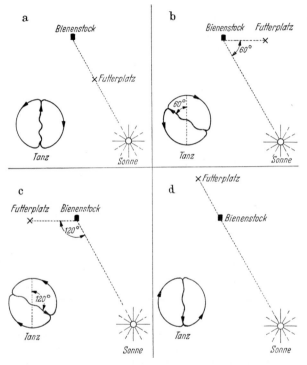

Abb. 94. Richtungsweisung nach dem Sonnenstand beim Tanz auf der vertikalen Wabenfläche. Links ist jeweils dargestellt, wie bei der gegebenen Lage des Futterplatzes der Schwänzeltanz auf der vertikalen Wabe orientiert ist

hin (Abb. 94) usw. Was die Neulinge auf diese Weise im finsteren Stock durch ihr feines Empfinden für die Richtung der Schwerkraft erfahren, übertragen sie beim Ausfliegen auf die Richtung zur Sonne.

Wie wir bei der Entfernungsmeldung durch einen „Stufenversuch" geprüft haben, ob die Weisung befolgt wird, so machen wir nun einen „Fächerversuch", um zu erfahren, ob die alarmierten Tiere wirklich nach der gemeldeten Richtung fliegen. Als Beispiel zeigt Abb. 95 das Ergebnis eines solchen Experimentes. Beim Futterplatz F, 600 m vom Stock, wurden einige numerierte Bienen auf einer duftenden Unterlage gefüttert. 550 m vom Stock waren Duftplatten ohne Futter in Winkelabständen von 15° fächerförmig ausgelegt. Die beigefügten Zahlen geben an, wieviele Neulinge sich ab Versuchsbeginn binnen 50 Minuten an den Beobachtungsstellen einfanden. Nur wenige sind vom rechten Wege abgewichen.

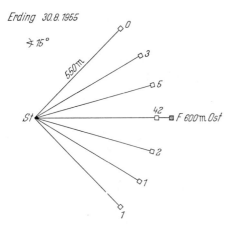

Abb. 95. Ergebnis eines „Fächerversuchs". *St* Bienenstock, *F* Futterplatz. Die kleinen Quadrate bedeuten ausgelegte Duftköder ohne Futter, die beigefügten Zahlen bedeuten den Beflug durch Neulinge binnen 50 Minuten ab Versuchsbeginn

In den Tropen steht die Sonne zweimal in jedem Jahr mittags im Zenit, also in *keiner* bestimmten Himmelsrichtung, und es ist unmöglich, die Richtung nach dem Ziel auf die Himmelsrichtung der Sonne zu beziehen. Was machen dann die Bienen? Sie haben für das Problem eine überraschend einfache Lösung gefunden: sie bleiben mittags zu Hause. Während sie sich sonst durch die Tropenhitze nicht abhalten lassen, eine lohnende Nahrungsquelle auszubeuten, legen sie eine Mittagspause ein, sobald sich die Sonne dem Zenitstand nähert. Nur durch besondere Kunstgriffe lassen sie sich bewegen, doch an den Futterplatz zu kommen — und tanzen dann nach ihrer Rückkehr wirr nach allen Richtungen. Das war zu erwarten und ist eine Bestätigung ihrer Orientierung nach der Sonne. Unerwartet kam, daß ein Winkelabstand um

2—3° vom Zenit den Bienen bereits genügt, um die Richtung des Sonnenstandes zu erkennen und beim Tanz korrekt anzugeben. Die Facettenaugen, starr in der Kopfkapsel befestigt und aus Tausenden leicht divergierender Einzelaugen aufgebaut (Abb. 55, 56, S. 79f.), sind als Winkelmesser hervorragend geeignet.

Abb. 96. Gelände des Umwegversuchs auf dem Schafberg. x Lage des Futterplatzes. Der Beobachtungsstock stand auf der anderen Seite des Felsgrates in angenähert gleicher Höhe

Im Gebirge können auch geflügelte Wesen nicht immer auf geradem Weg ihr Ziel erreichen. Welche Geste würden die Bienen wohl gebrauchen, um ihre Stockgenossen auf einem Umweg zur Futterquelle zu weisen? Gelegenheit, um dieser Frage nachzugehen, bietet die bucklige Gegend um den Wolfgangsee in reicher

Auswahl. Eines Tages wurde unser Beobachtungsstock auf dem Schafberg hinter einem Felsengrat aufgestellt und ein rasch angelegter Futterplatz mit gezeichneten Bienen um die Absturzkante herum nach der Stelle geführt, die in Abb. 96 durch ein Kreuzchen bezeichnet ist. Die Skizze Abb. 97 zeigt einen Lageplan und die Entfernungen im Versuchsgelände. Die Sammlerinnen flogen den eingezeichneten spitzwinkeligen Umweg hin und her, aber bei ihren Tänzen wiesen sie nicht die Richtung ihres tatsächlichen

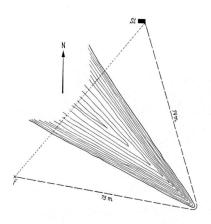

Abb. 97. Skizze des Versuchsgeländes, auf dem Schafberg. *St* Bienenstock
F Futterplatz, - - - - geflogener Umweg, ... Luftlinie zum Ziel

Abfluges vom Stock, auch nicht den zweiten Schenkel der Flugstrecke — beides hätte die Kameraden in die Irre geführt; ihr Schwänzellauf zeigte vielmehr die Richtung der Luftlinie zum Futterplatz an, die sie niemals geflogen waren. Nur auf solche Weise konnten sie ihre Stockgenossen zur richtigen Stelle leiten; diese suchten in der angegebenen Richtung und gelangten so *über* das Hindernis ans Ziel. Nachdem sie dieses kennengelernt hatten, fanden sie auch den kürzeren Weg außen um den Grat herum. Das Verhalten der richtungsweisenden Bienen war durchaus sinnvoll. Aber daß sie imstande sind, aus dem geflogenen Umweg die wirkliche Richtung so genau zu konstruieren, ohne Winkelmesser,

Lineal und Reißbrett, das gehört in dem an Wundern reichen Bienenleben wohl zu den wunderbarsten Dingen.

Fast sah es aus, als fände sie für jede, noch so schwere Aufgabe eine Lösung. Doch *einmal* wußten sie sich nicht zu helfen. Der Stock stand unten im Inneren des luftigen Gitterwerkes eines Funkturmes (Abb. 98). Der Futterplatz war mit Hilfe einer Winde und eines am Seil schwebenden Futtertischchens an die Spitze des Turmes gelegt worden, genau über dem Flugloch des Heimatstockes. Ein Ausdruck für die Richtung „nach oben" ist im Lexikon der Bienensprache nicht vorgesehen. In den Wolken blühen keine Blumen. Die Sammlerinnen von der Turmspitze wußten keine Richtung zu melden und machten Rundtänze, die alarmierten Kameraden suchten unten nach allen Seiten die Wiesen ab und nicht einer von ihnen fand hinauf an die Quelle. Als der Futterplatz in einer Entfernung vom Stock, die der Höhe des Turmes entsprach, auf den Wiesenboden gelegt wurde, funktionierte die Richtungsweisung tadellos.

Der Schwänzeltanz mit seinem gradlinig vorstoßenden Schwänzellauf und andererseits der Rundtanz mit seinen kreisenden Läufen

Abb. 98. Versuch über die Höhenweisung. *St* Der Beobachtungsstock im Inneren des Gitterwerkes eines Funkturms. Der Futterplatz befand sich in der Plattform an der Spitze des Turmes

scheinen mit überraschend sinnbildlicher Deutlichkeit zur Tat aufzurufen: der eine zum Vorstoß in die Weite, der andere zum Suchen rund um den Heimatstock. Nach einem wohlgeregelten System erhalten jene, die in die Ferne sollen, genaue Angaben

über das Ziel der Reise. Aber wenn Hunderte von Neulingen sich aufmachen und der Weisung folgen, dann sind meistens auch einzelne da,
die es anders machen; einzelne, die bei Rundtänzen in der Ferne suchen oder bei Schwänzeltänzen in der Nähe oder in falscher Richtung. Ob sie die Sprache nicht verstanden haben? Oder sind es Quer-
köpfchen, die lieber ihre eigenen Wege gehen? Was immer der
Anlaß dieser „falschen" Handlungsweise sei, im Geiste des Ganzen
gesehen sind es recht nützliche Sonderlinge. Denn wenn im Süden
etwa ein Rapsfeld aufblüht, dann ist es zwar gut, die Stockgenossen
in hellen Scharen rasch dorthin zu schicken, es lohnt sich aber,
gleichzeitig zu erkunden, ob nicht auch anderwärts ein Rapsfeld
seine Knospen öffnet. Jenen Sonderlingen, die nicht dem
Schema folgen, ist es zu danken, wenn *alle* aufspringenden
Nahrungsquellen im gesamten Flugbereich dem Bienenvolk
so rasch erschlossen werden.

Die Tänze der Pollensammler

Neben dem Honig wird als zweites unentbehrliches Nahrungs-
mittel Blütenstaub vom Bienenvolke gesammelt. Auch die
Pollensammler verständigen sich untereinander über ergiebige
Fundplätze, und sie tun es in derselben Weise wie die Nektar-
sammler. Auch sie machen Rundtänze bei nahen und Schwänzeltänze bei fernen Trachtquellen, es gelten dieselben Regeln für die
Mitteilung von Abstand und Richtung.

Aber ein kleiner Unterschied besteht doch: Bei den Nektar-
sammlern erfolgt die Verständigung über die Blumensorte durch
den am Körper haftenden und den in der Honigblase eingetragenen
Blütenduft (S. 118 ff.). Die Pollensammler tragen keinen duftenden Nektar nach Hause, aber sie bringen im Blütenstaub einen
Bestandteil der beflogenen Blumen mit. Der Blütenstaub hat
seinen spezifischen Duft, deutlich verschieden vom Duft der Blumenblätter, und auch wieder verschieden bei jeder Blütensorte.
So sind die Pollenhöschen hier die duftenden Boten. Das ergibt
sich mit Gewißheit aus dem folgenden Versuch:

Wir richten für die Pollensammler unseres Stockes zwei Futter-
plätze ein; am einen Platz (*R*, Abb. 99) sammelt eine gezeichnete
Schar an wilden Rosen, am anderen Platz *(G)* sammelt eine zweite
Schar an großen Glockenblumen Blütenstaub. Entfernen wir an

beiden Plätzen die Blumen und lassen eine Futterpause eintreten, so bleiben die Sammlerinnen, nachdem sie eine Weile vergeblich gesucht haben, daheim im Stock, und nur ab und zu kommt eine von ihnen als Kundschafterin heraus, um zu sehen, ob es wieder etwas gibt. Stellen wir am Glockenblumenplatz frische Glockenblumen auf, so macht sich eine solche Kundschafterin sogleich ans Höseln, fliegt heim und tanzt. Als erste reagieren auf ihren Tanz nach einer Futterpause die Kameraden, die schon vorher an den Glockenblumen gesammelt haben, denn der vertraute Duft sagt ihnen, daß ihre Blüten wieder Pollen spenden; sie eilen sofort zu neuer Tätigkeit an die Glok-

kenblumen, wo sich bei andauernden Tänzen dann bald auch Neulinge einstellen. Aber die Rosensammler bleiben im Stock, sie wissen, daß sie der Glockenblumenduft nichts angeht.

Abb. 99. *St* Bienenstock, *R* Futterplatz mit Rosen, *G* Futterplatz mit Glockenblumen. (Nähere Erklärung im Text)

Daraus ist noch nicht zu entnehmen, ob der Duft der Blumenblätter oder der Pollenduft maßgebend ist. Aber nun machen wir den Versuch anders. Wir schalten wieder an beiden Futterplätzen eine Pause ein, dann stellen wir am Glockenblumenplatz Glockenblumen auf, deren Staubgefäße wir entfernt und durch die Staubgefäße von Rosen ersetzt haben (Abb. 100 b). Eine Kundschafterin kommt, findet am gewohnten Platz die gewohnten Glockenblumen, schlüpft in die Blüten und höselt. Eine Biene der Glockenblumenschar höselt also am Glockenblumenplatz in Glockenblumen Blütenstaub von *Rosen*. Sie fliegt nach Hause, tanzt — und all die Kameraden, die seit Stunden und Tagen an den gleichen Glockenblumen mit ihr gesammelt haben, schenken ihrem lebhaften Geschwänzel nicht die geringste Aufmerksamkeit; die Rosensammler dagegen, ihr persönlich fremd, eilen auf sie los, beriechen ihre Höschen und stürzen zum Flugloch hinaus, an den Rosenplatz, wo sie zu sammeln gewohnt waren und wo sie jetzt vergeblich nach Blüten suchen. Die Bienen haben sich narren lassen, wir aber wissen, daß nicht der Duft der Glockenblumen, in die die Sammlerin hineingekrochen ist, sondern der Duft des mitgebrachten Blütenstaubes, der von den Rosen stammte, entscheidend war.

Die Umkehrung des Versuches hat den entsprechenden Erfolg. Eine Kundschafterin, die in Rosen Pollen von Glockenblumen sammelt, alarmiert durch ihre Tänze die Glockenblumensammler (vgl. Abb. 100 d).

Ein umlegbarer Bienenstock und vom Nachweis der Wahrnehmung polarisierten Lichtes.

Um das Verhalten der Bienen auf horizontalem Tanzboden genauer zu studieren, kann man einen Beobachtungsstock benützen, der sich umkippen läßt. Durch Anziehen einer Flügelschraube läßt er sich auch in jeder beliebigen Schräglage feststellen. Hat die Wabenfläche eine Neigung von nur etwa 15°

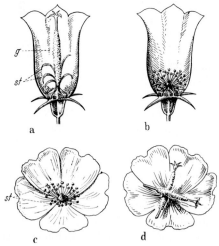

Abb. 100. a Blüte einer Glockenblume (Campanula medium), ein Teil der Blumenkrone entfernt, um das Innere zu zeigen; der Blütenstaub von den zurückgekrümmten Staubgefäßen bleibt größtenteils am Griffel haften. b Blüte der Glockenblume, die Blütenstaub tragenden Teile entfernt und durch die Staubgefäße einer Rose ersetzt. c Rosenblüte (Rosa moschata). d Rosenblüte, nach Entfernung der eigenen Staubgefäße mit zwei Griffeln samt anhaftendem Blütenstaub aus Glockenblumen versehen. *st* Staubgefäße, *g* Griffel

(Abb. 101), so können die Tänzerinnen die Richtung zur Sonne durch Schwänzelläufe nach aufwärts und jeden gegebenen Winkel zwischen Futterplatz und Sonnenstand durch einen entsprechenden Winkel zur steilsten Richtung nach oben auf der schiefen Fläche noch richtig angeben. Wohlentwickelte Sinnesorgane befähigen sie dazu, die Richtung der Schwerkraft so genau wahrzunehmen (s. S. 10, 11).

Abb. 101. Der umlegbare Beobachtungsstock in Schräglage. Selbst bei so geringer Neigung können die Bienen noch nach der Richtung der Schwerkraft tanzen

Liegt aber die Wabe genau horizontal, so kann man auf ihr nicht aufwärts laufen; dann versagt also die auf S. 133. (Abb. 94) besprochene Richtungsweisung nach der Schwerkraft. Es ist ein drolliger Anblick, wie die Bienen unter solchen Umständen mit unvermindertem Eifer weitertanzen, aber — sofern der Himmel für sie unsichtbar ist — ohne jede Orientierung des Schwänzellaufes; er wechselt fortwährend und ganz ungeordnet seine Richtung. Sobald man den Tänzerinnen die Sonne oder ein Stück blauen Himmels sichtbar macht, sind die Tänze orientiert und weisen direkt nach dem Futterplatz (vgl. S. 131ff.).

Es war schon davon die Rede, daß die überraschende Einstellung nach dem blauen Himmel auf die Polarisation des Himmelslichtes zurückzuführen ist (S. 84, 104). Wir wollen noch berichten, auf welche Art man das beweisen kann.

Abb. 102 zeigt den Beobachtungsstock in horizontaler Lage. Die Glasscheibe über der Wabe ist mit einem Brett bedeckt, in das ein viereckiges Fenster geschnitten ist; darüber liegt in einem kreisrunden, drehbaren Rahmen eine große Polarisationsfolie (S. 85f.). Beim Versuch ist der Stock von drei Seiten umbaut, die Tänzerinnen sehen von der Wabe aus durch das Fenster im Brett und durch die Folie nur ein begrenztes Stück blauen Himmels.

Abb. 102. Der Beobachtungsstock horizontal gelegt und mit der drehbaren Polarisationsfolie bedeckt

Das polarisierte Himmelslicht hat, wie uns bereits bekannt ist an jeder Himmelsstelle eine bestimmte Schwingungsrichtung (Abb. 66, S. 88). Diese kann man durch eine Polarisationsfolie ändern, da diese allen Lichtstrahlen, die durch sie hindurchgehen, eine bestimmte Schwingungsrichtung aufzwingt. Stellen wir nun die drehbare Folie über den tanzenden Bienen so ein, daß die hindurchgehenden Lichtstrahlen die Schwingungsrichtung des gezeigten Himmelsortes beibehalten, so tanzen die Bienen richtig weiter und weisen nach dem Futterplatz. Drehen wir aber die Folie und ändern hiermit die Schwingungsrichtung des polarisierten Lichtes, so weichen die Bienen im Sinne der Drehung ab und weisen nach einer falschen Richtung.

Um diesen Zusammenhang genauer zu prüfen, nehmen wir die Sternfolie zu Hilfe (S. 89, Abb. 67). Betrachten wir durch sie den blauen Himmel, so erhalten wir rasch und eindrucksvoll Aufschluß über die Schwingungsrichtung des polarisierten Lichtes an den verschiedenen Himmelsstellen (Abb. 68, S. 90). Ein Beispiel mag das Prinzip der Versuche klar machen; zum leichteren Verständnis wählen wir möglichst einfache Verhältnisse:

Der Futterplatz lag im Westen, 200 m vom Stock. Die Tänzerinnen hatten durch das Fenster Ausblick nach blauem Himmel im Westen, also in der Richtung zum Futterplatz. Neben dem Beobachtungsstock wurde die Sternfolie aufgestellt und mit einem Winkel von 45° schräg nach oben gegen den Westhimmel gerichtet, wie diesen auch die Bienen durch das Fenster sahen. In der Sternfolie zeigte sich daselbst das Muster M_1 (Abb. 103). An keiner anderen Stelle bot sich in der Sternfolie dasselbe Muster. Unterwegs zum Futterplatz hatten die Bienen also vor sich die Schwingungsrichtung polarisierten Lichtes, welche diesem Muster entsprach. Gleichzeitig sahen sie natürlich am übrigen Himmel andere Schwingungsrichtungen verwirklicht. Beim Tanz orientierten sie die Schwänzelläufe korrekt in der Richtung auf das Polarisationsmuster im Westen, das sie auch beim Flug zum Futterplatz vor sich gesehen hatten. Sie tanzten ebenso richtig, als die große runde Polarisationsfolie in solcher Stellung über die Wabe gelegt war, daß die Schwingungsrichtung des polarisierten Lichtes unverändert blieb. Diese Stellung ließ sich vermittels der Sternfolie leicht finden, wenn man auf sie eine zweite, drehbare Folie (Deckfolie) auflegte.

Nun wurde die Folie über dem Beobachtungsstock um 30° entgegen dem Uhrzeigersinn gedreht. Sofort änderte sich die Tanzrichtung der Bienen und wies 35° südlich von West. Wenn vor der Sternfolie die Deckfolie in die gleiche Stellung gebracht wurde wie die Folie über dem Bienenstock, zeigte sich im Westen das Muster M_2- (Abb. 103 b). Beim Absuchen des blauen Himmels mit der Sternfolie (jetzt ohne Deckfolie) fand sich dieses Muster *nur* 34° nördlich von West (Abb. 103 c). Beim freien Flug zum Futterplatz hatten sich die Bienen angesichts des ganzen Himmelszeltes 34° nach links von diesem Schwingungsmuster zu halten. Als es nun bei beschränktem Ausblick für die Tänzerinnen der einzige Anhaltspunkt war, lag der Durchschnittswert der gemessenen Tänze mit 35° fast genau richtig (mit einer Abweichung von 1°), wobei offen bleibt, wie weit die Ungenauigkeit den Bienen oder der Messung zuzuschreiben ist.

Durch künstliche Verlagerung des Polarisationsmusters am Himmel läßt sich also die Richtungsweisung der Bienen entsprechend ändern. Nachdem sich in nahezu 100 mannigfaltig abgeänderten Versuchen grundsätzlich immer dasselbe gezeigt hat, war nicht mehr daran zu zweifeln, daß sich die Bienen nach dem polarisierten Himmelslicht orientieren können.

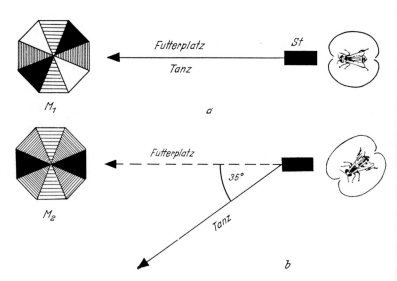

Abb. 103. Versuchsbeispiel zum Nachweis der Orientierung nach der Polarisation am blauen Himmel: a Beim Flug vom Stock zum westlich gelegenen Futterplatz sehen die Bienen vor sich polarisiertes Licht, das in der Sternfolie das Muster M₁ erzeugt. Beim Tanz auf der horizontalen Wabe haben sie freien Blick nur nach Westen und weisen zutreffend diese Richtung. b Durch eine Polarisationsfolie über der Wabe wird die Schwingungsrichtung für die Tänzerinnen entsprechend dem Muster M₂ in der Sternfolie geändert, womit die Tanzrichtung um 35° nach links umschlägt. c Dieses Muster wird beim Absuchen des Himmels mit der Sternfolie *nur* 34° nördlich von West gefunden. Als den Tänzerinnen die entsprechende Schwingungsrichtung im Westen gezeigt wurde, wiesen sie 35° südlich von West, also mit einem Fehler von nur 1° richtig mit Bezug auf die verlagerte Schwingungsrichtung

Bienen können durch ihre Tänze auch andere Ziele bekanntgeben als Nektar- und Pollenquellen: z. B. eine geeignete Pfütze zur Beschaffung von Wasser (S. 123) oder einen Platz, wo man an Baumknospen Kittharz sammeln kann, um das Innere des Stockes abzudichten und zugige Spalten zu verschließen. Von besonderem Interesse sind die Tänze von Bienen, die auf Wohnungssuche waren und dem Bienenschwarm die Lage einer Niststätte bekanntgeben.

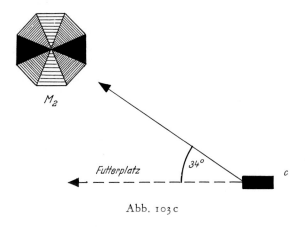

Abb. 103c

Sobald im Fühjahr ein Volk in Schwarmstimmung kommt, werden seine Sammelbienen faul, sitzen oft untätig herum und manche wenden sich einer anderen, merkwürdigen Beschäftigung zu: sie werden zu *Spurbienen*. Sie suchen in der Umgebung nach einer geeigneten Unterkunft für das kommende Tochtervolk. Wenn dann der Schwarm abgeht und sich zunächst, meist an einem nahe gelegenen Baum, um seine Königin sammelt (Abb. 32, S. 35) sieht man alsbald auf der Schwarmtraube Tänzerinnen auftreten. Es sind zum Teil jene Spurbienen, die sich schon früher vorsorglich nach einer Niststätte umgesehen haben, bald aber in zunehmender Zahl weitere, die erst jetzt eifrig nach einer solchen zu suchen begonnen haben. An verschiedenen Stellen, teils nahe, teils bis zu kilometerweiter Entfernung, ist da ein hohler Baum, dort ein Mauerloch oder eine Felshöhle, ein leerer Bienenstock und dergleichen von ihnen gefunden und genau inspiziert worden. Nun tanzen sie auf der Schwarmtraube und teilen so die Richtung und Entfernung der von ihnen entdeckten potentiellen Niststätte genau so mit, wie sie als Sammelbienen den Ort einer Futterquelle angezeigt hatten. Da nicht selten *viele* Spurbienen erfolgreich sind, sieht man zuweilen mehr als zwanzig Tänzerinnen auf der Traube, deren jede *eine andere Richtung und Entfernung* angibt, entsprechend der von ihr entdeckten Wohnstätte. Nun greift in der Regel der Imker ein, schlägt den Schwarm in einen Kasten und stellt diesen auf seinen Bienenstand. Halten wir ihn davon ab, so daß die Dinge ihren natürlichen Verlauf nehmen, so geschieht etwas Wunderbares: die Bienen prüfen, welcher von den angebotenen Nistplätzen am besten für sie geeignet ist. Es dauert mehrere Stunden, manchmal sogar Tage, bis sie darüber einig geworden sind. Dann aber löst sich die Traube auf und der Schwarm fliegt direkt nach seinem neuen Quartier. Wie kommt diese Einigung zustande? Wenn Bienen für verschiedene *Nahrungsquellen* werben, führt die abgestufte Lebhaftigkeit der Tänze um so mehr Kameraden zu den verschiedenen Blütensorten, je besser ihr Futterangebot ist (s. S. 120 f.). Bei den Spurbienen liegt der Fall etwas anders: aus der Fülle der Wohnungen muß *eine einzige* gewählt werden, und zwar die beste. Maßgebend sind andere Dinge als bei der Nahrungssuche: Der Eingang muß windgeschützt liegen, es darf im Wohnraum keine Zugluft herrschen, die Größe des Raumes muß der Größe des Schwarmes angemessen sein, auch wie es innen riecht muß den Bienen genehm sein, die Entfernung von der alten Wohnung soll wegen der Nahrungskonkurrenz nicht zu gering sein, aber auch nicht so groß, daß der Flug für die Königin zu beschwerlich wird. Es ist wahrhaft erstaunlich, aber erwiesen, daß die Spurbienen auf diese — und wohl noch auf weitere — Umstände bei ihren Inspektionen genau achten und nach einem angeborenen Bewertungsschlüssel das Gesamturteil über die Qualität der Wohnung in der Lebhaftigkeit ihrer Tänze zum Ausdruck bringen. Diese können hinreißend stürmisch sein und immer wieder minutenlang fortgesetzt werden, so daß sie mehr und mehr Kameraden in ihren Bann ziehen; sie trippeln hinterdrein und suchen dann den angezeigten Ort auf. Nachdem sie sich sozusagen durch Augenschein selbst von den Verhältnissen überzeugt haben, fliegen sie heim und machen gleichfalls für ihn Propaganda. Andere Spurbienen, die weniger gute Plätze gefunden haben, tanzen entsprechend weniger lebhaft oder nur matt und kurz. Sie bemerken aber sehr wohl das Verhalten anderer Tänzerinnen. Manche von ihnen werden durch den Wirbel um erfolgreichere Kameraden angesteckt, trippeln diesen nach, lassen sich umstimmen und besichtigen die gemeldete Wohnstätte um dann selbst für diese zu werben. Andere von jenen, die sich für ihre Entdeckung nicht intensiv einsetzen können, hören einfach zu tanzen auf. *So kommt es zu einer Einigung,* alle tanzen im gleichen Takt und weisen dieselbe Richtung. Sobald es soweit ist, löst sich die Schwarmtraube auf und fliegt dahin, wo das beste Ziel liegt. Die Entscheidung haben allein die Spurbienen herbeigeführt, die mit ihren abgestuften Tänzen die gebotenen Möglichkeiten richtig bewertet hatten.

Bienen tanzen im Dienste der Imkerei und Landwirtschaft

Wer fremde Länder und Völker besucht und deren Sprache beherrscht, wird besser fahren und mehr erreichen als ein der Landessprache unkundiger Begleiter. Nicht anders ergeht es dem Imker im Verkehr mit seinen Bienenvölkern. Die Kenntnis ihrer „Sprache" bietet ihm die Möglichkeit, sie seinen Absichten besser dienstbar zu machen.

Wenn der Sommer kommt, ist die Zeit der üppigen Trachten vorbei. Wohl blüht noch mancherlei, aber die Nektarbrünnlein fließen nicht mehr so reich wie einige Wochen zuvor. Der erfahrene Imker weiß, daß ihm etwa die Kohldisteln, die jetzt auf vielen Wiesen zu Hunderttausenden ihre hohen, von grünen Hüllblättern umgebenen Blütenköpfchen zum Himmel strecken, noch manches Pfund Honig einbringen könnten. Doch ist kein rechter Zug mehr in der Sammeltätigkeit der Völker. Man sieht vorwiegend Hummeln an den Distelköpfen beschäftigt. Sie sind durch ihren längeren Rüssel gegenüber den Bienen im Vorteil, und diesen ist der Nektar nicht reichlich genug, um durch Tänze Verstärkung herbeizuholen. Der Bienenvater sieht mißfällig zu — wie könnte er seinen Immen sagen, daß sie nicht untätig daheim sitzen sollen und daß es immerhin noch lohnend wäre, aus den Distelköpfen herauszuholen, was da ist?!

Er *kann* es ihnen sagen, wenn er mit ihnen zu reden versteht. Er braucht nur einige Bienen seiner Völker mit etwas Honig und Zuckerwasser an einen Distelstrauß zu locken und auf den Distelblüten mit aufgetropftem Zuckerwasser zu füttern, so tanzen sie daheim und verkünden zugleich durch den mitgebrachten Blütenduft die Quelle ihres Erfolges und das Ziel ihres alarmierenden Aufrufes. Bald fliegen die Kameradinnen aus und suchen den verheißungsvollen Distelduft. Der Beflug der Kohldisteln läßt sich so auf ein Vielfaches steigern.

Für die Praxis hat man das Verfahren in verschiedener Weise abgeändert und einfacher gestaltet. Statt die Bienen auf Distelblüten zu füttern, kann man ihnen im Stock eine nach Disteln duftende Zuckerlösung reichen. Eine solche erhält man, wenn man Distelblüten für einige Stunden in Zuckerwasser legt. Andere Blütensorten, deren Duft durch das Bad im Zuckerwasser verändert wird und dann seinen Zweck nicht mehr erfüllt, bringt man trocken in ein Futterkästchen mit etwas Zuckerwasser vor den Flugspalt des Bienenvolkes. Fortschrittliche Imker konnten so mit geringer Mühe bei Disteln wie bei anderen Trachtpflanzen noch erhebliche Honigernten erzielen, zu Zeiten, da ihre Nachbarn leer ausgingen.

Auch der Landwirt hat nicht selten den Wunsch, die Bienen auf eine bestimmte Trachtpflanze hinzulenken, um deren Bestäubung und Samenansatz zu verbessern. So ist bei einer unserer wichtigsten Futterpflanzen, dem Rotklee, die Gewinnung des für den Anbau notwendigen Samens eine unzuverlässige Sache. Der Nektar dieser Hummelblumen ist für Bienen nicht voll auszuschöpfen, weil ihr Rüssel zu kurz ist, um bis auf den Grund der Blumenröhrchen vorzudringen. Wo der Rotklee feldmäßig angebaut wird, ist die Zahl der Hummeln zu gering, um die Millionen von Einzelblüten zu bestäuben. Die Bienen zeigen keine Lust, die für sie wenig ergiebigen Kleefelder zu befliegen, und wenden sich lieber besseren Trachtquellen zu. Die Folge ist eine schlechte Samenernte, wenn nicht — in seltenen Jahren — der Rotklee überreich Nektar absondert und dann auch von Bienen entsprechend beflogen wird. Diesem Übelstand kann abgeholfen werden. Man stellt Bienenvölker an den Rotkleefeldern auf, alarmiert sie in der geschilderten Weise auf Rotkleeduft und erreicht dadurch eine derartige Steigerung des Befluges, daß die Samenerträge durchschnittlich um 40% höher geworden sind. Die nunmehr zuverlässigen Ernten haben erfahrene Samenbauer in Rotkleegebieten rasch für das neue Verfahren der „Duftlenkung" erwärmt. Heute erst an wenigen Stellen geübt, wird es größere Verbreitung finden, wenn die Not zu intensiver Ausnützung des Bodens zwingt. Denn die geringe Mühe, die Bienen in ihrer eigenen „Sprache" zur Arbeit anzuweisen, hilft dem Imker seine Honigeimer füllen und bringt dem Landwirt reichen Gewinn.

12. Das Zeitgedächtnis der Bienen

Jeder von uns kennt ein Zeitgefühl aus eigener Erfahrung. Es läßt sich bei Tieren gleichfalls beobachten. Ein Hund oder ein Sittich merkt sich recht gut die Stunde freudiger Ereignisse, wenn sie sich regelmäßig wiederholen. Um zu sehen, ob es auch bei Insekten so etwas gibt, locken wir Bienen auf einem Tisch im Freien an ein Zuckerwasserschälchen als künstlichen Futterplatz.

Dressur auf Futterstunden

Wir bieten einer Gruppe numerierter Bienen (vgl. S. 40f.) durch einige Tage nur zu bestimmter Zeit, z. B. nachmittags von 4 bis 6 Uhr Zuckerwasser. Dann machen wir das folgende Experiment: Das Futterschälchen bleibt den ganzen Tag leer, und von 6 Uhr früh bis 8 Uhr abends sitzt unausgesetzt ein Beobachter dort und verzeichnet jede Biene, die zum Schälchen kommt. Es ist eine langweilige Aufgabe. Denn von den 6 Bienen, die an den Tagen vorher noch am Schälchen verkehrt haben, erscheint von 6 Uhr früh bis $^1/_2$4 Uhr nachmittags nur eine, die Biene Nr. 11, um Nachschau zu halten. Sie kommt zwischen 7 und $^1/_2$8 Uhr morgens, und bald darauf noch ein zweites Mal. Sonst herrscht absolute Stille am Futterplatz. Aber wie die übliche Futterzeit heranrückt, wird es lebhaft, und in den zwei Stunden zwischen 4 und 6 Uhr hat das Schälchen 38 Besuche aufzuweisen, an denen sich 5 von

den 6 numerierten Bienen beteiligten. Obwohl sie umsonst gekommen sind, kehren sie in kurzen Abständen wieder und untersuchen das leere Schälchen so hartnäckig, als *müßte* hier jetzt
etwas zu finden sein. Gegen Ablauf der üblichen Futterstunden
läßt der Verkehr rasch nach, und bald ist es wieder still am Platze.
Der Versuch ist über alles Erwarten gut gelungen. Besser als in
Worten läßt sich der Erfolg durch die Darstellung in Abb. 104

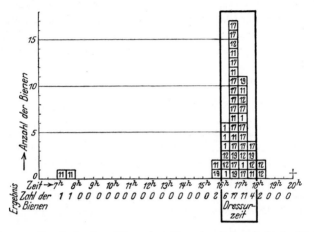

Abb. 104. Ergebnis eines Versuches über das Zeitgedächtnis. Einige
numerierte Bienen hatten an einem künstlichen Futterplatz täglich von
16 bis 18 Uhr Zuckerwasser bekommen. Am Versuchstag (20. Juli 1927)
blieb das Futterschälchen den ganzen Tag, auch zur Dressurzeit, leer.
Unten sind die Tagesstunden verzeichnet. Über jeder halben Stunde
sind die Bienen aufgetragen, die in dieser Zeit zum Schälchen geflogen
kamen. Jedes Quadrat bedeutet eine Biene mit ihrer Kenn-Nummer,
manche kamen mehrmals (nach Ingeborg Beling)

anschaulich machen. Unten sind die Tagesstunden aufgetragen.
Die Dressurzeit von 4 bis 6 (16 bis 18) Uhr, zu der an den vorangehenden Tagen Futter gegeben wurde, ist durch Umrah-
mung hervorgehoben. Die ganze Zeitspanne ist durch kleine
Striche in halbe Stunden eingeteilt, und über jeder halben Stunde
sind die Bienen, die in dieser Zeit zum Schälchen kamen, mit ihrer
Kenn-Nummer aufgetragen.

Der Versuch ist mit anderen Bienen oftmals und zu allen Tages-
zeiten wiederholt worden. Der Ausfall ließ keinen Zweifel, daß

sich die Bienen jede Futterstunde überraschend genau merken. Der Erfolg verlockte dazu, das Zeitgedächtnis der Bienen auf schwierigere Proben zu stellen. Alle Erwartungen wurden übertroffen. Es gelang auch eine Dressur auf 2 oder 3, ja auf 5 verschiedene Futterstunden gleichzeitig.

Abb. 105 bringt ein Beispiel für eine Drei-Zeiten-Dressur. Obwohl sie an jenem 13. August von früh bis abends am Versuchstisch keinen Tropfen Zuckerwasser fanden, kamen sie zu den drei Dressurzeiten — nur jedesmal etwas zu früh, eine Erscheinung, die man auch schon bei Dressur auf *eine* Tageszeit häufig bemerken kann. Das ist ja auch durchaus nicht unzweckmäßig. Besser zu früh gekommen als zu spät, wo die Natur voll hungriger Mäuler ist und nur zu gerne einer dem anderen die Nahrung wegschnappt.

Nach diesen Erfahrungen ist die nächstliegende Frage: Wo hat die Biene ihre Uhr? Ist es ihr Magen, der sie zum Futterschälchen treibt? Das kann schon deshalb nicht gut sein, weil sie nicht ausfliegt, um sich satt zu trinken, sondern um Vorrat einzuheimsen und im Stock aufzuspeichern; und dort kann sie jederzeit ihren Hunger stillen. Völlig widerlegt wird eine solche Vorstellung durch folgenden Versuch: Wir bieten einer Bienenschar durch mehrere Tage von früh bis abends Zuckerwasser, welches aber zu bestimmten Tagesstunden reichlicher vorhanden oder süßer ist als sonst. Sie sammeln ohne Unterbrechung, ihr Magen bleibt zu keiner Stunde leer, und doch stellen sie sich am Beobachtungstage zur gewohnten „Bestzeit" mit überragendem Eifer am nunmehr leeren Schälchen ein. — Liest die Biene wie der Wandersmann die Tageszeit am Sonnenstande ab? Das müssen wir durch einen neuen Versuch prüfen.

Man kann ein ganzes Bienenvolk in eine Dunkelkammer versetzen. Wenn dieses Gefängnis dauernd warm gehalten (25 bis 28° C) und durch Lampen hell beleuchtet wird, wenn man den Bienen an künstlichen Futterplätzen ausreichend Nahrung bietet, dann bleibt ein kleines Volk auch in so unnatürlicher Lage mehrere Jahre lang gesund. Es kennt nun keine Jahreszeiten und hat Sommer und Winter Brut in seinen Waben. Bei gleichmäßiger Beleuchtung fehlt der Biene jede Möglichkeit, die Zeit am Stand der Sonne oder an der Helligkeit abzulesen. Trotzdem gelingen die Zeitdressuren auch unter solchen Bedingungen. Ja, wir können bei der künstlichen Beleuchtung die Versuche auch in der Nacht mit Erfolg durchführen.

Der Versuch, auf eine andere als 24stündige Zeitspanne zu dressieren, gelingt nicht. Man kann wochenlang in Zwischen-

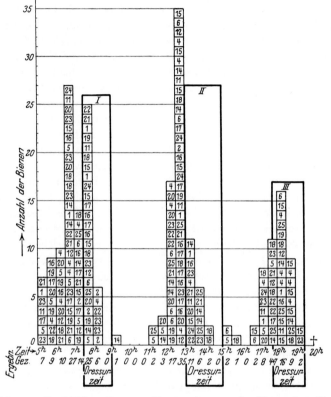

Abb. 105. Drei-Zeiten-Dressur. Dressurdauer sechs Tage. Am Versuchstag, dem 13. August 1928, kamen — obwohl den ganzen Tag kein Futter gereicht wurde — von den 19 numerierten Bienen alle, und zwar zu den hier verzeichneten Zeiten, zum Futterplatz (nach I. Beling).

räumen von je 19 Stunden bieten — was im durchgehend beleuchteten, abgeschlossenen Flugraum keine Schwierigkeit bereitet —, der zeitliche Abstand von 19 Stunden wird nicht erfaßt. Oder man füttert durch lange Zeit alle 48 Stunden; die Bienen kommen hernach in der zweitägigen Beobachtungszeit 24 Stunden nach der letzten Fütterung.

Es bestehen offenbar zwei Möglichkeiten: Entweder richten sie sich nach tagesperiodischen Einflüssen, die sich unserer Wahrnehmung entziehen. Oder sie tragen ihre Uhr in sich und haben sie im Stoffwechselgetriebe ihres Körpers; dann wäre das Mißlingen der Dressur auf einen 19- oder 48stündigen Rhythmus nur dahin auszulegen, daß die Bienen durch ihre Lebensweise fest an den 24stündigen Tageswechsel gebunden sind und sich infolgedessen auf andere Perioden nicht einlassen.

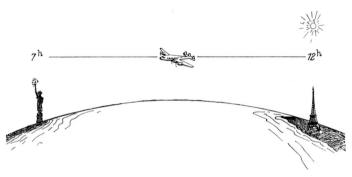

Abb. 106. Ein Transozeanversuch zum Zeitsinn der Bienen. In Paris auf eine bestimmte Futterstunde dressierte Bienen wurden nach New York geflogen und dort geprüft (nach M. Renner)

Die klare Entscheidung sollte ein *Transozeanversuch* bringen. Es wurden in München zwei genau gleiche, zerlegbare Dunkelräume gebaut und einer nach Paris, der andere nach New York verfrachtet. Wenn in Paris um 12 Uhr mittags die Sonne am höchsten steht, so scheint sie den Bürgern von New York als Morgensonne, denn dort ist es erst 7 Uhr (Abb. 106). Richten sich die Bienen nach dem örtlichen Sonnenstand, den sie etwa an einer durchdringenden Strahlung oder auf andere uns unbekannte Weise auch in der Dunkelkammer wahrnehmen, so müssen sie nach einer Zeitdressur in Paris und rascher Versetzung über den Ozean, in New York nach dortiger Ortszeit am Futterschälchen erscheinen. Das geschah aber nicht. In der Pariser Dunkelkammer auf eine bestimmte Fütterungszeit dressiert, im

Flugzeug nach New York versetzt und in der gleichartigen Dunkelkammer untergebracht, kamen die kleinen Weltreisenden auch dort nach Pariser Zeit zu Tisch. Sie verhielten sich so, als trügen sie eine Uhr in sich.

Daß sie eine „innere Uhr" besitzen, schienen sie auch auf andere Weise eindrucksvoll zu demonstrieren: Spurbienen eines schwarmlustigen Volkes, die eine geeignete Wohnung erkundet haben, geben deren Lage den Kameraden durch Tänze bekannt (S. 145 f.), wobei sie die Richtung zum Ziel nach dem Sonnenstand weisen (S. 131 ff.). Manchmal bleiben sie viele Stunden zu Hause und machen während dieser Zeit durch wiederholte Tänze immer wieder auf die von ihnen entdeckte Nistgelegenheit aufmerksam. Daß die Sonne inzwischen am Himmel weiter wandert, können sie nicht sehen, da sie im Stock sind. Trotzdem ändern sie bei ihren Dauertänzen den Winkel zur Schwerkraftrichtung kontinuierlich genau um den Betrag, um den sich in gleicher Zeit der Winkel zwischen Ziel und Sonnenstand geändert hat. Sie tun es auch dann, wenn man den Stock verschlossen in einem Keller aufstellt, von dem aus weder Sonne noch Himmel zu sehen sind. Eine verblüffende Leistung, die erneut ihre Vertrautheit mit dem Tageslauf der Sonne zeigt und ein weiterer Beweis für ihre „innere Uhr" zu sein scheint. Doch wird durch eine Entdeckung aus jüngster Zeit in Frage gestellt, ob eine „innere Uhr" angenommen werden muß. Wer hätte gedacht, daß beim Zeitsinn der Bienen der Erdmagnetismus als Außenfaktor eine wesentliche Rolle spielt!

Zeitsinn und Erdmagnetismus

Das erdmagnetische Feld zeigt in seinen Komponenten Deklination und Inklination sowie in der Intensität (s. S. 108 f.) kleine tagesperiodische Schwankungen. Sie erwiesen sich bei jahrelanger, genauer Registrierung als so regelmäßig, daß sie einem Wesen mit entsprechendem Wahrnehmungsvermögen als Uhr dienen können. Ob sich die Bienen, bei denen diese Voraussetzung offenbar gegeben ist, dabei nur nach den Schwankungen der Gesamtintensität richten oder die Schwankungen der Deklination und Inklination gesondert beachten, ist zur Zeit nicht bekannt. Aber die *Wirksamkeit* des Erdmagnetismus geht aus Versuchen folgender Art hervor:

Ein Bienenvolk wurde in einem abgeschlossenen, dauernd gleichmäßig erhellten Raum auf die Zeit von 14—16 Uhr dressiert. Die Temperatur und relative Luftfeuchtigkeit wurden konstant gehalten. Wir wissen bereits, daß eine Zeitdressur unter solchen Bedingungen gelingt (s. S. 151). Nun wurden für einen Versuchstag die Schwankungen des erdmagnetischen Feldes künstlich so weit wie Möglich kompensiert. Da erschienen die Bienen schon ab 6 Uhr morgens am (leeren) Futterschälchen und suchten, später zeitweise mit großer Intensität, bis der Besuch nach 16 Uhr abnahm. Die Zeitdressur war also stark gestört, aber nicht ganz aufgehoben. Es war allerdings auch nicht gelungen, die tagesperiodischen Schwankungen des Erdmagnetismus vollständig auszuschalten. Ganz offensichtlich ergab sich aber die Bedeutung des Erdmagnetismus mit einer anderen Versuchsanordnung: eine Bienengruppe war im gleichmäßig beleuchteten Versuchsraum mit Erfolg auf die Futterzeit von 10—12 Uhr dressiert worden (Abb. 107 oben). An einem anderen Versuchstag war das normale Erdmagnetfeld an der Stelle, wo sich der Stock befand, künstlich auf das Doppelte verstärkt und seine Periodizität gestört. Die Abb. 107 unten zeigt, daß sich nun die Anflüge der dressierten Bienen über den ganzen 24-Stundentag verteilen.

Gelegentlich, wenn auch selten, bringt die Natur selbst ihr Magnetfeld in Unordnung. Man spricht dann von „magnetischen Stürmen". Ein solcher ist bisher nicht in Verbindung mit einer Zeitdressur beobachtet worden. Wohl aber liegen vier Versuche vor, wo stärkere Unregelmäßigkeiten im Ergebnis der Zeitdressur mit abnormen Schwankungen des Magnetfeldes über den ganzen Tag zusammenfielen[1].

Diese Erfahrungen weisen darauf hin, daß den Bienen in den tagesperiodischen Schwankungen des Erdmagnetismus ein Außenfaktor als Zeitgeber zur Verfügung steht, der bisher nicht als solcher gegolten hat. Das zeigte sich in eleganter Weise auch in weiteren Versuchen, bei denen weder künstliche noch natürliche Störungen des Magnetfeldes im Spiele waren:

Bei einer Versetzung zeitdressierter Bienen von Paris nach New York waren sie nach Pariser Zeit zum Futterplatz gekom-

---

[1] Persönliche Mitteilungen von M. Lindauer.

men, scheinbar nach ihrer inneren Uhr (s. S. 153). Aber bei der ost-westlichen Versetzung, über viele Längengrade, bleiben die erdmagnetischen Kräfte unverändert und können auch am neuen Ort richtige Zeitgeber sein. Als dagegen ein Bienenvolk nach

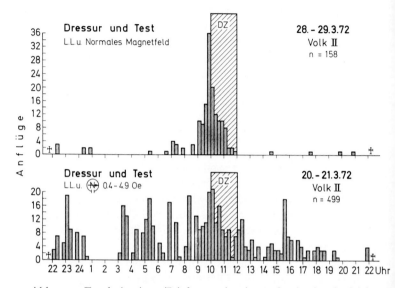

Abb. 107. Ergebnis einer Zeitdressur in einem durchgehend gleichmäßig erhellten, abgeschlossenen Flugraum. Oben: Versuch bei normalem Magnetfeld. Unten: Am Versuchstag war das Magnetfeld verstärkt und seine Periodizität gestört. Jedes Kästchen bedeutet den Anflug einer dressierten Biene am Futterplatz. *Dz* Dressurzeit. An den Versuchstagen wurde kein Futter geboten. Nach M. Lindauer

einer Zeitdressur in Würzburg über 16 *Breitengrade* nach Norden an den Polarkreis geflogen wurde, wobei sich die Elemente des Erdmagnetismus wesentlich ändern, war die Zeitdressur zerstört und mußte neu erlernt werden; das nahm 14 Tage in Anspruch. Die Rückversetzung nach Würzburg machte die Dressur abermals zunichte. Das Umlernen beanspruchte aber nur 10 Tage. Es liegen bisher je 3 Versuchsreihen in beiden Richtungen vor, davon je eine in abgeschlossenen, klimatisierten Flugräumen. Auch in den Klimakammern war das Ergebnis im wesentlichen dasselbe, so daß das Tageslicht nicht entscheidend an der Störung beteiligt war[1].

Ob trotz dieser neuen Einsichten das Mitspielen einer „inneren Uhr" angenommen werden muß, ist derzeit unentschieden. Überraschend wäre eine solche doppelte Sicherung nicht. Denn das zeitgerechte Verhalten der Bienen ist für sie eine Fähigkeit von großer Bedeutung.

Die biologische Bedeutung des Zeitsinnes

Die Dressur von Bienen auf ein nur zeitweise gefülltes Schälchen ist kein so unnatürlicher Versuch, wie es manchem scheinen mag. Denn viele Blumensorten bieten Nektar oder Blütenstaub nur zu bestimmten Stunden des Tages. Das kann am Morgen, am späteren Vormittag oder erst am Nachmittag sein. In anderen Fällen erfolgt die Nektarabsonderung zwar über den ganzen Tag, aber zu gewissen Zeiten wesentlich reichlicher. Auch diese „Bestzeit" liegt bei verschiedenen Pflanzenarten in verschiedenen Tagesstunden. Bei der großen Blütenstetigkeit der Bienen bedeutet das für eine Sammelschar, daß sie zu bestimmten Stunden viel, zu anderen nichts zu tun hat. Es ist *biologisch sinnvoll, daß müßige Bienen daheim bleiben*. Denn draußen drohen ihnen vielerlei Gefahren.

Tatsächlich bleibt eine Schar von Sammlerinnen in der Regel im Stock, wenn ihre Trachtquelle vorübergehend versiegt. Nur einzelne aus der Gruppe fliegen ab und zu aus, um Nachschau zu halten. Haben sie Erfolg, so tanzen sie auf den Waben genauso, wie bei der ersten Entdeckung einer Trachtquelle (S. 112 ff.) und rufen dadurch die ganze Sammelschar erneut auf den Plan. Bei streng zeitgebundener Blütentracht unterbleiben aber bald auch die Kundschafterflüge zu den Stunden, wo sie doch aussichtslos wären.

Dann pflegt sich die ganz Schar der Sammlerinnen aus dem unruhigen Getriebe des Tanzbodens in Randbezirke der Waben zurückzuziehen und an stillen Plätzchen dahinzudösen. Hat man die Mitglieder der Schar etwa durch rote Tupfen kenntlich gemacht,

---

[1] Persönliche Mitteilungen von M. Lindauer.

so bietet sich dem Beobachter beim Herannahen der Futterstunde ein anziehendes Schauspiel. Sei es, daß eine „innere Uhr" ihren Gang geht, oder daß das Magnetfeld sie aufrüttelt, als wäre ein Wecker gestellt, so kommt Leben in die scheinbar verschlafene Gesellschaft und von allen Seiten krabbeln die rot punktierten Tiere langsam auf den Wabenbereich zu, wo die Tänze vor sich gehen. Wenn sie nicht gleich aus eigenem Antrieb dem Flugloch zustreben, werden sie hier bald von Kameraden alarmiert, die bereits erfolgreich an die Arbeit gegangen sind.

So findet ein aufmerksames Auge so manche bedeutsamen Vorgänge im Bienenvolk zu dessen Vorteil nach der Uhr geregelt.

Von elementarer Wichtigkeit ist der Zeitsinn für die Bienen bei ihrer Außentätigkeit. Denn nur durch die Kenntnis und Beachtung der Tageszeit sind sie imstande, zu jeder Stunde die Sonne als Kompaß zu benützen.

13. Feinde und Krankheiten der Bienen

Wohlstand kann Gefahren bringen. Denn leicht erweckt er die Habsucht der Besitzlosen. Die Bienenvölker wären allesamt schon längst vom Erdboden verschwunden, wenn sie ihre süßen Wintervorräte nicht mit so giftiger Waffe verteidigen würden. In ihrer alten Heimat, im Urwald vergangener Zeiten, waren es vor allem die großen Leckmäuler, die Bären, die so manches Volk ausgeplündert haben. Als der Bär seltener wurde, besorgte der Mensch um so gründlicher die Honigräuberei. Der Zuckerüberfluß unserer Tage, aus den Rüben heimischen Bodens gewonnen, ist eine junge Errungenschaft. Vordem kam dieser Süßstoff, vom Zuckerrohr geliefert, aus dem Fernen Osten und später aus Amerika zu uns. Bis heute verrät in manchem Haushalt eine silberne Zuckerdose durch ihr Schloß mit längst verlorenem Schlüssel, wie kostbar ihr Inhalt noch zu Urgroßmutters Zeiten ist. Damals war der Honig in ganz anderem Maße als heute ein begehrtes Süßungsmittel, und wenige hundert Jahre früher gab es für den Europäer überhaupt keinen Zucker außer dem, den die Bienen aus den Blütenkelchen gesammelt hatten. Kein Wunder, daß der Mensch der ärgste Feind der Bienen war. Das Verhältnis hat sich gewandelt. Jetzt sind sie ihm lieb gewordene Haustiere, die er pflegt, um nur ihren Überfluß zu nützen. Auch die Romantik der Bären ist dahin. Und das honiglüsterne Kleinvolk, wie Ameisen, Wespen, der Totenkopfschwärmer oder ab und zu ein Mäuslein, kann lästig sein, aber kaum ernsthaften Schaden anrichten.

Doch wäre es ein Irrtum zu glauben, daß die Bienen nun in ungestörtem Frieden dahinleben können. Es bleiben ihnen noch der Feinde so viele, daß man über sie allein ein Buch schreiben könnte. Das ist auch wiederholt geschehen, und ein solches Buch mag der Imker zu Rate ziehen, der sie alle kennenlernen und die Mittel zu ihrer Abwehr erfahren möchte. Hier wollen wir nur wenige besprechen, die sich durch ihre Bedeutung und Lebensweise herausheben.

Da ist z. B. der *Bienenwolf*. Er ist kein Wolf, sondern eine Grabwespe, die den Namen nur ihrer Raubgier verdankt. Die Grabwespen stehen den staatenbildenden Wespen nahe, sie leben aber als Einsiedler und machen Jagd auf Insekten, die sie ihrer Brut als Nahrung hinlegen. Dabei hat es jede Grabwespenart auf eine bestimmte Beute abgesehen und versteht es meisterhaft, sie aufzuspüren und zu überwältigen. Der Bienenwolf hat sich ausgerechnet die wehrhafte Honigbiene auserwählt. Kaum größer, aber gewandter als sie, fällt er beim Blütenbesuch über sie her und versetzt ihr einen Stich in das weichhäutige Gelenk hinter den Vorderbeinen (Abb. 108). Dann umarmt er die Stelle ihres Hinterleibes, wo die Honigblase sitzt, und preßt ihr zur eigenen Labung den Nektar durch den Mund heraus, den sie zu anderem Zwecke an den Blumen gesammelt hat. Hernach trägt er sie im Fluge unter seinem Bauch zu einem schon vorher gegrabenen Loch in sandigem Boden, das durch einen tiefen Gang zur Bruthöhle führt. Nachdem er hier meist 3 bis 4 derart erlegte Bienen säuberlich in Reih und Glied nebeneinander hingebreitet hat, legt er an eine derselben ein Ei und setzt darauf in einer anderen Bruthöhle der Neströhre seine Tätigkeit fort. Aus dem Ei schlüpft eine Larve, einer Fliegenmade ähnlich, die sich unverzüglich daran macht, die bereitliegenden Bienen eine nach der anderen aufzufressen (Abb. 109). Da sie durch den Stich der Wespe gelähmt, aber nicht getötet sind, bleiben sie frisch, wie ein wohlkonservierter Fleischvorrat, und sind doch der trägen Made wehrlos preisgegeben. Herangewachsen, verpuppt sich diese in der Bruthöhle, um im nächsten Sommer auszuschlüpfen und das Handwerk ihrer Mutter fortzusetzen.

Abb. 108. Ein Bienenwolf versetzt einer Honigbiene den lähmenden Stich (Zeichnung von T. Hölldobler nach Photographien von W. Rathmayer)

In manchen Gegenden, wo der Bienenwolf günstige Nistgelegenheit findet, kann es zu einer solchen Massenvermehrung der Wespe kommen, daß die Imkerei durch die Verluste an Bienen ernstlich bedroht wird.

Ist der Bienenwolf ein wehrhafter Raubritter, so ist die *Bienenlaus* von ziemlich gegenteiliger Natur. Zunächst muß festgestellt werden, daß sie so wenig eine Laus ist wie der erstere ein Wolf. Sie gehört vielmehr zur Sippe der Fliegen, nur haben diese Tiere als Folge ihrer schmarotzerischen Lebensweise Flugvermögen und Flügel verloren. Die Bezeichnung verdanken sie dem Umstand, daß sie sich nach Läuseart in der Behaarung des Bienenkörpers herumtreiben, wobei ihnen die krallenbewehrten Fußspitzen ein sicheres Festhalten ermöglichen. Sie bevorzugen die Königin, auf der man sie in befallenen Stöcken mitunter dutzendweise antrifft, sie sind aber in geringerer Zahl auch auf den Arbeitsbienen zu finden. Haben sie Hunger, so laufen sie auf den Kopf der Biene, klammern sich neben ihrem Mund fest und klopfen ihr mit den Beinen auf die Lippe (Abb. 110). Das Kitzeln an dieser Stelle bedeutet in der Fühlersprache unter Bienen, daß die Kameradin Hunger hat. Tatsächlich öffnet die Angebettelte den Mund und läßt ein Tröpfchen Honig austreten. Das ist harmlos, aber bei

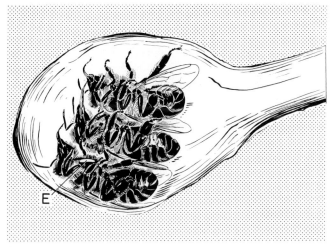

Abb. 109. Eine der zahlreichen Nisthöhlen in der Nestanlage des Bienenwolfes. *E* das abgelegte Ei der Grabwespe (gez. von T. Hölldobler nach W. Rathmayer)

Abb. 110. Arbeitsbiene mit zwei Bienenläusen, eine von ihnen am Mund der Biene um Futter bettelnd

starkem Befall wird die Königin doch beunruhigt und legt weniger Eier, als sie sollte. Ein wachsamer Imker fängt sie heraus und befreit sie durch Anrauchen in der hohlen Hand von den unerwünschten Gästen.

Der räuberischen Wespe und der naschhaften Fliege schließt sich als weitverbreiteter und besonders schädlicher Bienenfeind ein Schmetterling an, die *Wachsmotte*. Sie ist der allbekannten Kleidermotte verwandt. Beide haben mancherlei gemein. Beide sind kleine Schmetterlinge. Wie es bei diesen üblich ist, schlüpfen sie als Raupen aus dem Ei, mästen sich tüchtig heran und verwandeln sich sodann in eine Puppe, um nach längerer Ruhezeit die Puppenhaut zu sprengen und als Falter in Erscheinung zu treten. Beide sind außerstande, als fertig entwickelte Schmetterlinge uns oder den Bienen irgend etwas wegzufressen, denn ihre Mundteile sind verkümmert. Sie können überhaupt keine Nahrung aufnehmen und zehren die kurzen Wochen ihres Falterdaseins von dem Fett, das sie in ihrer Raupenzeit aufgespeichert haben. In beiden Fällen sind die Schädlinge die Raupen, und in beiden Fällen steht diesen der Sinn nach einem Stoff, der für unseren Magen ganz und gar unverdaulich ist. Sowohl die Wollhaare, die den Larven der Kleidermotte zum Opfer fallen, wie auch das Wachs der Bienenwaben, das von den Larven der Wachsmotte verzehrt wird, sind an sich hochwertige, aber schwer angreifbare Nährstoffe. Daß sich die genannten Raupen diese Nahrungsquelle erschließen können, verdanken sie ihren spezialisierten Verdauungssäften. Die Hornmasse, aus der ein Haar besteht, ist ein Eiweißstoff und enthält alles, was zum Aufbau des Körpers nötig ist. Das Wachs ist eine eiweißfreie, dem Fett nahestehende Verbindung. Die Wachsmotten gedeihen daher nicht, wenn man sie mit reinem Bienenwachs füttert. Sie sind auf eine eiweißhaltige Beikost angewiesen und finden sie in den Waben reichlich in Form von Blütenstaub und anderen Resten und Abfällen ihrer rechtmäßigen Bewohner.

Eine Wabe, in der sich Wachsmotten angesiedelt haben, bietet einen traurigen Anblick. Nach allen Seiten wird sie durchzogen von den Fraßgängen der Raupen und verunreinigt durch ihren Kot und durch die Gespinstfäden, mit denen sie ihre Gänge zu schützen suchen. Jede Raupe wohnt in einem selbstgefertigten seidenen Tunnel — auch dies haben sie mit den Larven der Kleidermotten gemein. In einem gesunden und starken Bienenvolk hilft ihnen dies freilich nicht viel, aber ein schwaches Volk wird mit den Eindringlingen nicht fertig. Den ärgsten Schaden pflegen sie bei einem achtlosen Imker außerhalb der Stöcke in seinen Wabenvorräten anzurichten, die sie, ungestört von Bienen, oft in kurzer Zeit völlig verwüsten.

Bisher war von Räubern und Schmarotzern die Rede. Wenn solche so klein sind, daß sie sich im Innern des Bienenkörpers häuslich einrichten, dann werden die Schmarotzer zu Krankheitserregern. Zu Beginn unseres Jahrhunderts trat zuerst auf der Insel Wight, dann in England selbst eine bis dahin unbekannte, verheerende Bienenseuche auf, die sich in folgenden Jahren leider auch über ganz Europa verbreitet hat. Die erkrankten Bienen fallen durch ihren trägen Flug auf, sie können sich nicht mehr in der Luft halten, gleiten zu Boden und gehen oft in kurzer Zeit zugrunde. In schweren Fällen kommt es zur Verödung ganzer Bienenstände. Erst im Jahre 1920 erkannte man die Ursache in winzig kleinen *Milben*, die durch die Atemlöcher der Vorderbrust in die dort gelegenen Luftröhren der Bienen eindringen und sich darin vermehren. Milben sind kleine Spinnen. Sie kommen in zahlreichen Arten vor, von denen sich manche auch in anderer Weise unliebsam bemerkbar machen: als Verderber von Mehlvorräten, als Käsemilben, als Krätzmilben in der Haut unsauberer Menschen u. dgl. mehr. Auch die Biene hat ihre Liebhaber unter den Milben gefunden. In ihren röhrenförmigen Luftwegen haben sie einen geschützten Wohnsitz, dessen Wand sie nur anzustechen brauchen, um nahrhaftes Bienenblut zu saugen. Mit ihren Leibern, mit ihren großen Eiern und durch Blutreste und Kot verstopfen sie bei starker Vermehrung die Atemwege (Abb. 111). Schädliche Absonderungen mögen noch das Ihre dazu beitragen, um den Bienen den Lebensfaden abzuschneiden. Ein schwacher Befall kann harmlos sein und bleibt oft unbemerkt. Um so gefährlicher kann er sich für die Weiterverbreitung der Seuche auswirken.

Wir haben soeben eine Krankheit der Atemwege kennengelernt; auch von Darmkrankheiten bleibt die Biene nicht verschont. Wohl am bösartigsten ist die *Nosema*seuche, so genannt nach ihrem

Erreger: *Nosema apis.* Der *Nosema*schmarotzer gehört zu den nur im Mikroskop erkennbaren einzelligen Lebewesen. Er hat Ähnlichkeit mit einer Amöbe, dem vielgenannten Wechseltierchen, das aussieht wie ein winziges Schleimklümpchen und mit träge fließenden Bewegungen am Grunde von Tümpeln umherkriecht. Die „Sporentierchen" aber, zu denen der *Nosema*parasit zählt,

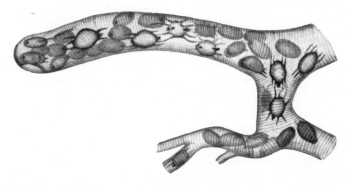

Abb. 111. Atemröhre aus der Brust einer Biene, die von der Milben-krankheit befallen ist. Zwischen den Milben sieht man von ihnen abgelegte Eier, die fast so groß sind wie die Muttermilben
(nach Morgenthaler, stark vergrößert)

sind durchwegs Schmarotzer und haben ihren Wohnsitz in den Zellen und Organen anderer Tiere, sie leben auf deren Kosten, schädigen sie durch ihre Anwesenheit und können sie bei massenhafter Vermehrung trotz ihrer Kleinheit sogar umbringen. Damit nehmen sie sich freilich die Grundlage für ihr eigenes Dasein. Doch die Natur hat vorgesorgt, daß das Geschlecht dieser kleinen Unholde trotzdem nicht ausstirbt. Während sie im Überfluß leben, bilden sie in ihrem Inneren an pflanzliche Sporen erinnernde, derbwandige Kapseln (darum „Sporentierchen"), die einen jungen Keim umschließen (Abb. 112 a und b). Die Sporen sind außerordentlich widerstandsfähig und können jahrelang lebensfähig bleiben. Durch sie wird die Seuche weiter und weiter übertragen. Die Schmarotzer haben ihren Sitz in den Zellen der Darmschleimhaut, die durch sie zerstört werden. Bei starker Erkrankung ist bald der Darm mit zahllosen Sporen erfüllt, die mit dem Kot nach außen gelangen und den gesunden Bienen zum Verderben werden.

Die Krankheit kann zwar auch milde verlaufen und ist in dieser Form weit verbreitet, sie tritt aber nicht selten in einer Weise auf, die den Bienenwirten schwere Sorge macht. Man hat allerdings heute in einem Antibioticum, im „Fumidil", ein wirksames Bekämpfungsmittel.

Auch von „Kinderkrankheiten" bleibt das Volk der Bienen nicht verschont. Indem wir mit einer solchen diese kleine Übersicht beschließen, lernen wir eine andere Gruppe von Krankheitserregern kennen, die einen weiteren Schritt gegen die Grenze der mikroskopischen Sichtbarkeit bedeuten. Die Erreger vieler menschlicher Seuchen sind niedrig stehende kleinste pflanzliche Lebe-

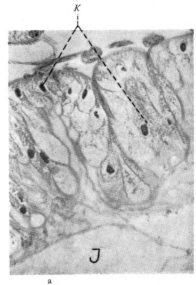

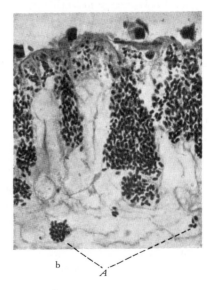

Abb. 112. a Längsschnitt durch die Darmwand einer gesunden Biene. *K* Kerne der Darmwandzellen. *J* Innenraum des Darmrohres. b Längsschnitt durch die Darmwand einer nosemakranken Biene. Die Darmzellen sind von zahllosen Sporen erfüllt. Sie wurden dunkel gefärbt, um sie deutlicher hervortreten zu lassen. Zum Teil (bei *A*) sind sie schon in den Innenraum des Darmes ausgestoßen, womit sie in den Kot gelangen. Stark vergrößert (Präparate von G. Reng, Photo: A. Langwald)

wesen, Spaltpilze oder Bakterien genannt. Typhus, Cholera, Diphtherie, Tuberkulose und andere Plagen werden durch solche unscheinbare Schmarotzer hervorgerufen. Obwohl ihre Körperlänge nur nach Tausendsteln eines Millimeters zählt, können sie durch ihre ungeheuerliche Vermehrung und durch die Absonderung schädlicher Stoffe schwere Krankheit bewirken. Aber eine derart stürmische Überrumpelung und Vernichtung des ganzen Körpers, wie sie bei der bösartigen *Faulbrut* der Bienen in der Regel eintritt, ist in der menschlichen Seuchengeschichte doch unbekannt. Die Krankheit erfaßt nur die Bienenbrut, also die Larven während ihrer Entwicklung in den Brutzellen. Als Erreger hat man eine bestimmte Bakterienart erkannt, die sich in der befallenen Larve meist um die Zeit, da sie sich zur Verpuppung anschickt, so rasch vermehrt, daß binnen kaum 24 Stunden der ganze Leib durchsetzt und zerstört wird. Die Larven verfärben sich und verwandeln sich später in eine schleimige, fadenziehende Masse. Es gibt zwar Bienenvölker mit so fanatischem Reinigungstrieb, daß sie jede Larve schon zu Beginn der Erkrankung aus dem Stock tragen und so eine schwere Infektion des ganzen Volkes verhüten. In der Regel aber wird die Brutpflege der jungen Arbeitsbienen den noch gesunden Larven zum Verhängnis. Wenn sie die Zellen von den Resten der zersetzten Leichen säubern, um sie zur Aufnahme neuer Eier bereit zu machen, besudeln sie sich mit den Keimen, und bei ihrer darauffolgenden Tätigkeit als Brutammen (vgl. S. 43) bringen sie ihren Zöglingen die Ansteckung.

So bleibt auch im vielgepriesenen Staatswesen der Bienen nicht immer alles in Ordnung — wie denn nichts auf dieser Erde ohne Fehl und Tadel ist.

14. Auf der Stufenleiter zum Staat der Honigbienen

Obwohl kein Menschenauge zusehen konnte, sind die Naturforscher überzeugt, daß im Laufe der Erdgeschichte die hochorganisierten Tiere aus niedrigeren Formen hervorgegangen sind. So muß auch der Bienenstaat etwas *allmählich Gewordenes* sein. Wir kennen keine heute lebenden staatenbildenden Insekten, die wir als unmittelbare Vorfahren der Honigbiene betrachten könnten.

Aber es gibt in ihrem Verwandtschaftskreis auch einsam lebende Arten, manche mit ersten Andeutungen sozialer Instinkte und ferner koloniebildende Formen auf verschiedener Höhe der staatlichen Organisation. Diese Zwischenstufen sind, so wie sie heute leben, gewiß nicht Sprossen jener erdgeschichtlichen Leiter, die unsere Bienen emporgeklommen sind. Auch sie haben sich in langen Zeiträumen gewandelt. Aber es handelt sich um Seitenlinien von geringerer Vollkommenheit, die uns nur ahnen lassen, auf welchen Wegen die Honigbiene zu ihrer überragenden Entwicklung gekommen sein kann.

Einsiedlerbienen

Es wird den meisten überraschend sein, daß Staatenbildung bei den Bienen durchaus nicht die Regel, sondern eine Ausnahme darstellt. Wir kennen mehrere tausend Bienenarten, die ihr Leben als Einsiedler verbringen. Manche sehen den Honigbienen täuschend ähnlich, manche sind noch größer und kräftiger, andere wieder so klein und schlank, daß sie vom Laien eher für geflügelte Ameisen gehalten werden. Sie alle bauen Zellen, sie sammeln Honig und Blütenstaub für ihre Brut, aber jedes Weibchen schafft für sich, einsam und ohne Unterstützung durch „Arbeiterinnen". Jedes dieser Wesen hat seine besondere Art der Brutversorgung. Oft ist sie so eigenartig, daß die Lebensweise der Einsiedlerbienen zu den reizvollsten Kapiteln der Insektenbiologie gehört.

Da gibt es z. B. eine Biene, die in einem Holzgang ihr Nest anlegt. In das Ende des Ganges trägt sie Blütenstaub und Nektar, formt aus beidem einen Honigkuchen und setzt ein Ei darauf. In einem gewissen Abstand, so daß die heranwachsende Made genügend Raum hat, führt sie aus Harz eine quer verlaufende Schutzwand auf. Eine zweite, eine dritte und vierte Kammer schließt sie an, jede mit ihrem Honigkuchen, mit ihrem Ei und der schützenden Harzwand (Abb. 113). Zum Schluß verkittet sie das Eingangsloch mit Harz und kümmert sich nicht weiter um ihre Kinder. Jede ausschlüpfende Larve findet so viel Nahrung vor wie sie zu ihrer Entwicklung braucht, sie verpuppt sich dann in ihrem Häuschen aus Holz und Harz, und wenn sie zur fertigen Biene geworden ist, wühlt sie sich durch den Gang ins Freie. Die Männchen gehen bald zugrunde, die begatteten Weibchen bauen die Wiegen für ihre Kinder, wie es die Mutter getan hat — aus einem inneren Drange, ohne es bei jener gesehen zu haben, und ohne je die eigenen Kinder zu erblicken.

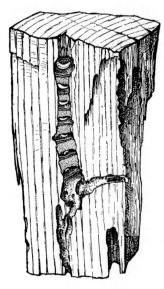

Abb. 113. Die soeben vollendete Nestanlage einer Löcherbiene (*Eriades*). Die älteste Larve, am blind geschlossenen Ende des Ganges, hat ihren Futtervorrat fast aufgezehrt und ist nahezu erwachsen. In den jüngeren Zellen sind die Maden entsprechend kleiner. Jede Larvenkammer hat ihren Honigkuchen und ist durch Harzwände von den Nachbarkammern getrennt. Die Mutter sitzt noch im Flugkanal (natürliche Größe). Sammlung K. v. Frisch, Brunnwinkl

Oder die Blattschneiderbiene! Sie schafft einen Gang, z. B. in morschem Holz, fliegt dann an die Blätter eines Rosen- oder Fliederstrauches oder an eine Himbeerstaude und dergleichen, schneidet mit der scharfen Schere ihrer Kiefer aus einem Blatt ein Stück heraus und trägt es zusammengerollt in ihre Wohnröhre. Sie schneidet ihr Baumaterial nach zweierlei Schnittmustern, oval oder kreisrund. Aus ovalen Blattstücken formt sie eine Hülle von der Gestalt eines Fingerhutes. In diesen bringt sie als Nahrungsvorrat ein Gemisch aus Nektar und Blütenstaub. Nachdem sie ein Ei auf den Futterkuchen gelegt hat, verschließt sie den Fingerhut mit kreisrunden Blattstücken (Abb. 114). Je nach den Raumverhältnissen fügt sie nur wenige, oder auch etwa ein Dutzend solche

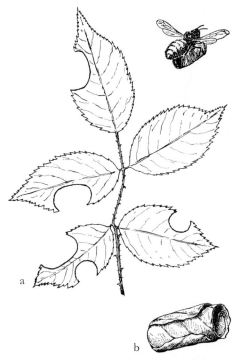

Abb. 114. a Eine Einsiedlerbiene *(Megachile)* hat teils ovale, teils kreisrunde Blattstücke mit ihren Kiefern ausgeschnitten und, einzeln zusammengerollt, in ihre Wohnröhre getragen (Bild rechts oben). b Ein einzelnes Nest: Die Seitenwände und der Boden sind aus den ovalen, unten umgeschlagenen Blattstücken geformt, der Verschlußdeckel (rechts) aus den kreisrunden. Innen befindet sich der Futterkuchen mit einem Ei (Sammlung v. Frisch, Brunnwinkl). Natürliche Größe

Einzelnester der Reihe nach aneinander. Schon mancher hat nachdenklich die eigenartigen Defekte an seinen Rosenblättern betrachtet, ohne zu ahnen, daß sich Einsiedlerbienen hier das Material zum Bau ihrer Kinderwiegen geholt haben.

Wohl zu den wunderbarsten Nestern gehört das einer gewissen Mauerbiene. Sie sucht für jedes Ei ein leeres Schneckenhaus, bringt tief im Inneren den Futterkuchen für die Larve unter und auf diesem ihr Ei (Abb. 115). In einigem Abstand errichtet sie aus zerkauten Blättern eine Querwand, verstopft den ganzen Rest der inneren Schneckenwindung mit kleinen Steinchen und sichert sie durch eine zweite Querwand aus erhärtendem Blattmus vor dem Herausfallen. Noch nicht genug des Schutzes für ihr Kind, das ja den Nachstellungen durch vielerlei Feinde ausgesetzt ist, holt sie in mühsamem Flug Halm für Halm herbei und baut aus vertrockneten Gräsern, aus leichten dürren Ästchen, anderwärts aus Kiefernadeln ein zeltförmiges Schutzdach (Abb. 116), unter dem das Schneckenhaus schließlich völlig verschwindet.

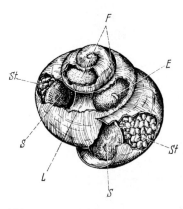

Abb. 115. Nestanlage einer Mauerbiene in einem leeren Schneckenhaus. F Futterkuchen, E Ei, L Luftkammer, S Scheidewände aus zerkautem Blattwerk, St Steinchen (zweifach vergrößert). Sammlung v. Frisch, Brunnwinkl

So ließe sich noch lange erzählen. Doch wenden wir uns jenen Formen zu, bei denen erste Ansätze zu einer Gesellschaftsbildung zu erkennen sind.

Manche Arten legen ihre Nester in enger Nachbarschaft an, wo eine gute Nistgelegenheit sich bietet. Während sie ganz harmlos sind, wo sie einzeln oder in geringer Zahl bauen, scheint mit ihrer Siedlungsdichte zugleich ihr Mut zu wachsen. Sie schreiten zur Verteidigung, wenn es Not tut, und fallen im Schwarm über einen Störenfried her. Einige Arten suchen im Herbst Erdhöhlen auf, um da in größerer Gesellschaft zu überwintern. Mag in solchen Fällen eine günstige Nistgelegenheit oder ein verlockender Unterschlupf für die Ansammlung mitbestimmend sein, so erkennt man doch einen gewissen Gemeinschaftssinn.

Vielleicht in seiner ursprünglichsten Art kommt er da zum Vorschein, wo er sich nur in einer Neigung zum Beisammensein

äußert, ohne anderen Sinn und Zweck. Abb. 117 zeigt das obere
Ende eines verdorrten Blütenstengels, auf dem sich einige Männ-
chen einer bestimmten kleinen Art von Einsiedlerbienen (Gattung:
Halictus) als Schlafgesellschaft zusammengefunden haben. Am
Tage zerstreuen sie sich bei schöner Witterung in alle Himmels-
richtungen, aber sobald Regenwolken aufziehen, und allabendlich

Abb. 116. Das Schneckenhaus mit dem Bienenei wird unter einem Dach
aus Halmen verborgen. Sammlung v. Frisch, Brunnwinkl

beim Anbruch der Dämmerung, kehren sie genau an diese Stelle
zurück, um gemeinsam zu ruhen. Nichts zeichnet diesen Stengel
vor zahllosen ebensolchen Blütenstielen der nächsten Umgebung
aus. Die Bienen finden keinen Wärmeschutz daselbst, in jedem
Blütenköpfchen wären sie besser vor Kälte bewahrt als an dem im
Winde schwankenden Stengel. Sie finden keine Deckung vor
Regen, sie finden keine Nahrung dort, und die Weibchen ihrer
Art treiben sich ganz anderswo herum. Nur ihre eigene Gesellschaft treffen sie an diesem Stelldichein und scheinen ein Bedürfnis
danach zu haben.

Das ist noch keine Staatenbildung. Aber wenn solcher Gemeinschaftssinn die weiblichen Tiere und ihre Tätigkeit ergreift, dann
kann er zur Staatenbildung führen. Wir kennen eine Bienenart, die
in Lehmboden einen Schacht gräbt und aus dem fügsamen Material
eine Höhle mit einer zierlichen Lehmwabe herausmodelliert

(Abb. 118). In deren Zellen legt sie ihre Eier, sie pflegt und füttert die heranwachsenden Larven, bewacht das Nest und ist so langlebig, daß sie ihre Kinder kennen lernt. Bei einer nahe verwandten

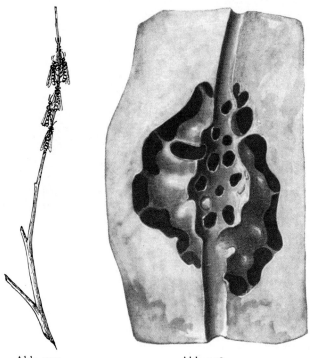

Abb. 117   Abb. 118

Abb. 117. Sechs Männchen einer Einsiedlerbiene (Furchenbiene, *Halictus*), die sich bei schlechtem Wetter und abends zum Schlafe stets auf einer bestimmten Stelle eines verdorrten Blütenstengels zusammenfinden (natürliche Größe). Sammlung v. Frisch, Brunnwinkl

Abb. 118. Lehmwabe der Furchenbiene *Halictus quadricinctus* in einer Lehmwand, Zugangsschacht und Nesthöhle von vorn freigelegt, links eine Zelle aufgebrochen (auf die Hälfte verkleinert)

Art bleiben die ausschlüpfenden Jungbienen an Ort und Stelle, statt sich in alle Winde zu zerstreuen, bauen gemeinsam an der von der Mutter begonnenen Wabe weiter, legen ihre Eier in dasselbe Nest und betreuen gemeinsam die Brut. Wer Futter bringt, der bringt es für die Kolonie und nicht allein für die eigenen Nachkommen. Erst der Herbst zerstört das Gemeinwesen. Im nächsten Frühjahr fängt jede Mutter von vorne an, beginnt als Einsiedlerin und ist doch die Gründerin eines kleinen Staates.

Bei einer anderen Art *(Halictus marginatus)* ist die Bezeichnung „Einsiedlerbiene" nicht mehr passend. Hier erreicht die Gründerin des Nestes ein Alter von 4—5 Jahren, wie die Königin der Honigbiene. Sie bleibt ihr Leben lang ihrer Niststätte treu. Von Jahr zu Jahr vermehrt sich die Zahl ihrer Töchter, die an derselben Siedlung weiterbauen und sie vergrößern. So entwickelt sich eine kinderreiche Familie mit mehr als hundert Mitgliedern, durchwegs Weibchen, die aber fast alle jungfräulich bleiben und sich nur der Futterbeschaffung, der Pflege der Brut und der Bautätigkeit widmen. Die Gründerin des Nestes, solcherart entlastet, bleibt zu Hause und wird zur „Königin" des Gemeinwesens. Am Ende dieses mehrjährigen Zyklus treten Männchen auf, junge Weibchen werden begattet und gründen neue Kolonien, während die alte zerfällt.

Sind hier die unbegatteten Weibchen nur dadurch von der Königin verschieden, daß ihre Eierstöcke sich nicht zur vollen Reife entwickeln, so sind sie bei einer weiteren Art dieser vielseitigen Gattung (bei *Halictus malachurus*) von geringerer Größe als jene und dadurch schon äußerlich als „Arbeiterinnen" gekennzeichnet. Hiermit ist der Übergang zum Staatswesen der Hummeln vollzogen.

Der Hummelstaat

Trotz ihres klobigen Aussehens haben die Hummeln in ihrem äußeren und inneren Bauplan so viel mit den Bienen gemein, daß sie die Tierkunde in derselben „Familie" (Apidae) eingereiht hat. In ihrer Lebensweise schließen sie sich eng an die zuletzt besprochenen Formen an und bilden ein weiteres Bindeglied zwischen einsiedlerischen und sozialen Bienen. Das klingt vielleicht verwunderlich für einen, der unsere Hummelnester kennt und deren Königin inmitten eines wehrhaften und emsigen Völkchens gewiß nicht als Einsiedlerin gelten läßt. Aber sehen wir näher zu.

Im dichten Moospolster am Waldrand, zwischen Grasbüscheln mitten in einer Wiese, in einem verlassenen Mausloch und an mannigfachen anderen Örtlichkeiten kann man ein Hummelnest finden. Eine handtellergroße Wabe (Abb. 119), von einer Wachsschicht oder auch von einer lockeren Hülle aus Moos oder dergleichen umgeben, dazu ein paar Dutzend bis zu ein paar hundert Insassen, das ist die Hummelwohnung und das Hummelvolk.

Abb. 119. Unterirdisches Nest der Steinhummel; die Wachshülle wurde teilweise entfernt, um die Wabe freizulegen. Rechts die Königin. Auf $^2/_3$ verkleinert (nach v. BUTTEL-REEPEN)

Von der Natur mit einem langen Saugrüssel, mit Bürstchen und Körbchen ausgerüstet, wie die Honigbienen, sammeln die Hummeln Nektar und Blütenstaub als einzige Nahrung, ziehen von Blume zu Blume und zählen zu deren wichtigsten Bestäubern. Sie verwenden ausgeschwitztes Wachs bei ihrem Wabenbau, das sie aber mit Harz und Blütenstaub vermengen und zu plumpen, rundlichen Zellen formen. Der sparsame Bau sechseckiger Zellen ist ihnen fremd. Kein Hummelstaat hält in unseren Breiten der

Wintersnot stand. Die im Herbst begatteten Weibchen verbringen den Winter schlafend in Schlupfwinkeln und im folgenden Jahr gründet jedes eine neue Kolonie.

Schon im zeitigen Frühling sieht man sie am Boden herumsuchen, um einen geeigneten Nistplatz aufzuspüren, oder an Blüten bereits mit dem Einsammeln der ersten Vorräte beschäftigt. In

Abb. 120. Junges Nest der Ackerhummel, Mooshülle durchschnitten und aufgeklappt. Das Nest ist bis auf das Flugloch (*F*) allseits geschlossen. Die Königin ist noch allein. In der kleinen Wabe werden die ersten Arbeiterinnen herangezogen. Rechts der Honigtopf (natürliche Größe). Sammlung v. Frisch, Brunnwinkl

diesem Stadium ist die Hummel, genau wie die Einsiedlerbiene, ganz auf sich selbst gestellt. Sie schafft ein zierliches kleines Nest, allseits geschlossen, nur mit einem Loch zum Heraus- und Hineinschlüpfen. Innen baut sie einen runden Wachsbehälter für die erste Brut und daneben einen Topf, wie eine bauchige Flasche gestaltet, den sie als Vorratskrug mit Honig füllt für kalte Regentage (Abb. 120). Bei manchen Arten, die aus Moos oder anderen lockeren Stoffen ihre Nesthülle bauen, bringt die Königin über der jungen Wabe eine originelle Schutzkappe an. Sie spuckt Honig in das Nestdach, der bald zu einer festen Zuckerkruste eindickt. Wenn später Arbeiterinnen geschlüpft sind und die Wabe heranwächst, übernehmen jene als lebende Öfchen die Warmhaltung der Brut. Ein solcher Wetterschutz aus Zucker wäre sinnlos, wo der Regen auf das Nest prasseln kann und scheint auch nur an gedeckten Bauplätzen vorzukommen.

In die erste Zelle legt die Königin etwa ein halbes Dutzend Eier, die sie mit einem Vorrat an Honig und Blütenstaub versorgt. Sie verschließt die Öffnung, um sie später gelegentlich wieder aufzubeißen und den heranwachsenden Maden neues Futter zu reichen. Aber diese beengen sich gegenseitig in der gemeinsamen Zelle und das Futter ist knapp für die Zahl hungriger Mäuler. So bleibt der Erstlingsnachwuchs unterernährt und klein. Nach einer gewissen Zeit spinnt jede Made einen Kokon und wird darin zur Puppe. Die sparsame Mutter nagt das unnötig gewordene Wachsmaterial der Zelle ab um es anderweitig zu verwenden, so daß die Kokons frei liegen. Die ausschlüpfenden, in ihrer Größe zurückgebliebenen Hummeln haben infolge der knappen Ernährung verkümmerte Eierstöcke. So sind Arbeitstiere entstanden, die selbst keine Nachkommenschaft erzeugen, aber als „Hilfsweibchen" beim Zellenbau und bei der Pflege der Brut der Gründerin des Nestes zur Seite stehen. Diese hebt sich nun als „Königin" heraus. Sie wird um so mehr entlastet, je mehr geschäftige Gehilfinnen dazu kommen und kann sich bald allein der Eiablage widmen. Die Wabe wächst nun rascher, die Zellen werden geräumiger, die Nahrung wird reichlicher eingetragen und dementsprechend werden die Larven größer und besser entwickelt. So entstehen im Laufe des Frühlings und Sommers alle Übergänge von jenen ersten kümmerlichen Hungertieren bis zu voll entwickelten Weibchen (Abb. 121), neben denen im Sommer auch Männchen herangezogen werden. Sie schwärmen aus und machen sich auf die Suche nach jungen Weibchen. Im Spätherbst sterben sie ab, wie auch die alte Königin und das ganze Arbeitsvolk. Die gesammelten Vorräte reichen wohl über kurze Zeitspannen ungünstiger Witterung, aber nicht durch die lange Winterzeit und das lockere Nest schützt nicht vor den Frösten. Die begatteten Weibchen aber verkriechen sich an geeigneten Stellen, verbringen den Winter in Kältestarre und sind die Königinnen des kommenden Jahres.

Die Arbeiterinnen der Honigbiene unterscheiden sich von ihrer Königin durch mancherlei körperliche Merkmale und stellen so eine eigene „Kaste" dar. Die Hilfsweibchen der Hummeln sind nur verkümmerte Königinnen. Aber man kann sich wohl vorstellen, daß in der Entwicklung des Staatenlebens der einfache

Abb. 121. Größenstufen der Ackerhummel, sämtlich aus einem Nest, 2. 9. 1935. Neben den voll entwickelten Weibchen, den Königinnen für das folgende Jahr, waren noch winzige Hilfsweibchen aus der Gründungszeit des Nestes zu finden (natürliche Größe). Sammlung v. Frisch, Brunnwinkl

Weg, auf dem — sozusagen durch schlechte Behandlung — diese nicht fortpflanzungsfähigen, aber arbeitsamen Gehilfen zustande kamen, der erste Schritt zur Ausbildung einer echten Arbeiterkaste gewesen ist.

Die Hummelkönigin beginnt also im Frühjahr ihre Tätigkeit wie eine Einsiedlerbiene. Sie gleicht aber einer solchen völlig im hohen Norden, wo der kurze Sommer keine Zeit läßt für die Entwicklung mehrerer Generationen. Da kommt es überhaupt nicht zur Ausbildung von Hilfsweibchen, da bleibt der Königin allein die ganze Arbeit des Nestbaues und der Brutpflege überlassen, genau wie bei einer Einsiedlerbiene, und sie muß zufrieden sein, wenn sie in den wenigen warmen Sommerwochen einige Nachkommen so weit bringt, daß sie ihr Geschlecht in das nächste Jahr hinüber retten.

Die stachellosen Bienen

Bienen, die nicht stechen? Ja, das gibt es! Es gibt deren sogar mehrere hundert verschiedene Arten — aber nicht bei uns. Sie sind in den Tropen der alten und neuen Welt zu Hause. Man hat sich einmal bemüht, sie bei uns heimisch zu machen, denn wer möchte nicht „Rosen ohne Dornen"! Es war ein doppelter Fehlgriff. Erstens taugen sie nicht für unser Klima, und zweitens ist zwar ihr Giftstachel verkümmert, aber sie zwicken um so kräftiger, und wenn sie bei der Verteidigung ihres Heimes in Masse über einen herfallen und sich an empfindlichen Hautstellen, in der Achselhöhle, in den Augenwinkeln, derart festbeißen, daß beim Versuch sie abzustreifen eher ihr Kopf abreißt als daß sie loslassen, dann scheint einem der Stich unserer Bienen ganz sympathisch.

Wegen ihrer vielen Besonderheiten hat man die stachellosen Bienen als eine eigene Unterfamilie (Meliponinen) den Honigbienen (Apinen) gegenübergestellt. Sie sind in mancher Hinsicht primitiver als diese; ihre Arbeitsteilung ist nicht so weitgehend differenziert; auch haben sie eine einfachere Brutpflege. Während die Larven der Honigbiene mit unausgesetzter Aufmerksamkeit geatzt und betreut werden, versorgen die Meliponinen, wie Einsiedlerbienen, die abgelegten Eier mit einem Vorratskuchen aus Blütenstaub und Honig, verschließen die Zellen und kümmern sich nicht weiter um die heranwachsende Jugend. Für den Wabenbau verwenden sie selbstbereitetes Wachs, vermischt mit Erde, Lehm oder Stoffen aus dem Pflanzenreich. Viele Arten beherrschen die Kunst, sechseckige Zellen herzustellen. In ihrer staatlichen Organisation sind sie den Hummeln weit überlegen. Manche leben in volkreichen Kolonien, die sich in ähnlicher Weise wie unsere Bienen durch Schwärme vermehren.

Die zahlreichen Arten stehen aber keineswegs alle auf gleicher Höhe. Da gibt es Bienen mit einer Körperlänge von kaum 2 mm, wahre Zwerge in ihrer Sippschaft, deren Wabe mit ihren runden, schlampig aneinander gebauten Brutzellen und größeren Honigtöpfen ganz an ein Hummelnest erinnen (Abb. 122), und anderseits stattliche Formen mit regelmäßigen Wachswaben, die im Gegensatz zu unseren senkrecht hängenden Bienenwaben horizontal angeordnet sind und nur einseitig die nach oben offenen Brutzellen tragen. Als Honigtöpfe dienen auch hier bauchige Behälter, ähnlich wie bei den Hummeln (Abb. 123). Sie sind bei manchen Arten so groß wie Hühnereier.

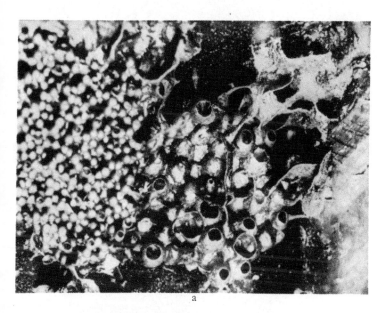

a

Abb. 122. a Einfache Nestanlage einer stachellosen Biene (*Trigona iridipennis*). Links Brutzellen, rechts die größeren Vorratstöpfe. b die Biene, 2fach vergrößert (nach M. LINDAUER) b

Verschiedenheiten, wie in der Bauweise, treten auch in der gesamten sozialen Organisation hervor. So lag es nahe, in dieser artenreichen Gesellschaft nach einfacheren Vorstufen der wechselseitigen Verständigung zu suchen. Wie sind die Honigbienen zu ihrer hochdifferenzierten Sprache gekommen? Können Nachforschungen in ihrem Verwandtschaftskreis zur Beantwortung dieser Frage einige Anhaltspunkte bringen? Die Hummeln sagen

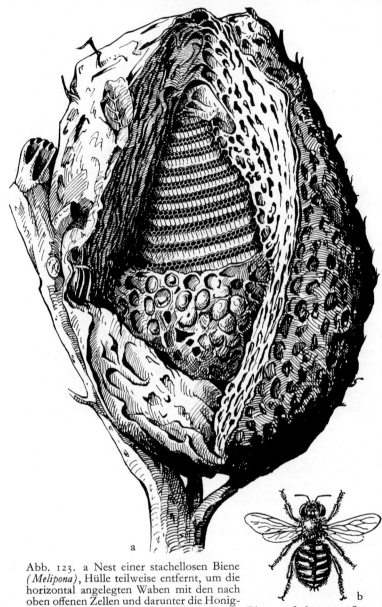

a

Abb. 123. a Nest einer stachellosen Biene
(Melipona), Hülle teilweise entfernt, um die
horizontal angelegten Waben mit den nach
oben offenen Zellen und darunter die Honig-
töpfe zu zeigen (stark verkleinert). b die Biene, 2fach vergrößert
(nach DOFLEIN und LINDAUER)

b

uns dazu nichts. Bei ihnen hat man vergeblich nach einem Mitteilungsvermögen gefahndet.

Dagegen steht man bei jenen kleinen stachellosen Bienen, deren Bauten wie Hummelnester aussehen, tatsächlich wohl an der Wurzel der Bienensprache. Wenn diese Tiere eine gute Futterquelle entdeckt haben, alarmieren sie ihre Kameraden auf denkbar einfachste Art: nach der Heimkehr läuft eine erfolgreiche Sammlerin erregt auf der Wabe herum, rempelt die müßig dasitzenden Genossen an, erweckt so ihre Aufmerksamkeit und rennt dann plötzlich mit betonten Schüttelbewegungen ihres Körpers ihnen voran nach dem Flugloch. Da aber macht sie kehrt, um in gleicher Weise ein neues kleines Gefolge nach dem Ausgang zu weisen. Darauf beschränkt sich ihre Tätigkeit. Und doch erhalten die alarmierten Kameraden einen eindeutigen Hinweis auf die Herkunft des Fundes. Er ist durch den *spezifischen Duft der Blüten* gegeben, die von der Sammlerin beflogen wurden. Er haftet nach der Heimkehr noch an ihrem Körper. Ohne über die Lage der Futterquelle etwas erfahren zu haben, suchen die Neulinge nach allen Seiten und in verschiedenen Entfernungen nach diesem Duft und kommen dadurch an die richtigen Blüten. Das ist durch Versuche folgender Art nachgewiesen: Eine Gruppe solcher Bienen (z. B. *Trigona droryana*) erhielt Futter an einem mit Duft versehenen Schälchen. Es stellten sich daselbst Neulinge ein, solche erschienen aber etwa in gleicher Zahl auch an Kontrollschälchen mit demselben Duft in der entgegengesetzten Richtung oder in anderer Entfernung. Ein solches Verhalten ist uns von der Honigbiene seit mehr als 50 Jahren bekannt: Wenn sie *nahe vom Stock* einen Futterplatz entdeckt, verkündet sie daheim den Fund und seinen spezifischen Duft durch Rundtänze, ohne Lagebeschreibung (S. 112 ff.).

Höher stehende Vertreter der gleichen Gattung *Trigona* haben eine leistungsfähigere Verständigungsweise. Wenn eine solche Biene in einiger Entfernung von ihrem Heim ergiebige Nahrung findet, so wimmelt es da bereits nach 1 Stunde derart von eifrigen Sammlerinnen, als wenn es Honigbienen wären, die durch Schwänzeltänze die Richtung und Entfernung des Zieles erfahren hatten. Aber diese stachellosen Bienen, z. B. *Trigona postica* (Brasilien), haben eine andere Methode erfunden: Die Entdeckerin alarmiert nur durch Herumrennen auf der Wabe und durch stoßweises Summen die Kameraden, von denen daraufhin mehrere das Nest verlassen und abwartend vor ihrem Heim herumschwärmen. Die Finderin aber macht zunächst noch einige Sammelflüge und schickt nach jeder Heimkehr weitere Bienen zum Flugloch hinaus. Dann ändert sie plötzlich ihr Verhalten: Sie läßt sich beim Heimfliegen wiederholt auf einem Grashalm oder einem Stein nieder und setzt auf ihn aus ihrer Kieferdrüse eine Duftmarke ab. Vor ihrem Nest angekommen, stürzt sie sich in den wartenden Schwarm der Neulinge und veranlaßt diese durch Zickzackflüge dazu, nun aufzubrechen und ihr entlang der Duftspur, die auch für unsere Nase gut wahrnehmbar ist, zu folgen. So lotst sie die Gruppe ans Ziel, wo sie gemeinsam mit den anderen eintrifft. Dieses Verfahren ist erfolgreich bei der Massenalarmierung auf ein bestimmtes Ziel. Aber man vermißt die abgestufte Werbung für ungleich lohnende Nahrungsquellen, wie sie bei der Honigbiene verwirklicht ist. Diese haben es ja dazu gebracht, durch ihre Tänze die Stockgenossen ohne Geleit zu den Fundstellen zu schicken und zugleich durch verschiedene Intensität der Werbung in Verbindung mit dem bezeichnenden Blütenduft die Größe der ausgesandten Arbeitsgruppen an die Rentabilität der einzelnen Blütensorten sinnvoll anzupassen.

Bei einer anderen Gattung der stachellosen Bienen, bei *Melipona*-Arten (Abb. 123), findet sich ein erster Schritt zu einer Lagebeschreibung des Zieles: wie auch *Trigona*-Arten, summen sie nach der Heimkehr von einer ergiebigen Nahrungsquelle, aber nicht regellos, wie diese. Je weiter der Weg zur Fundstelle, desto länger sind die einzelnen, durch kurze Pausen unterbrochenen Tonstöße, z. B. je $1/2$ Sekunde bei einem Futterplatz unmittelbar neben dem Nest, aber $1^1/_2$ Sekunden bei einem Abstand von 700 m. Es liegt also eine Entfernungsmeldung in diesen Summtönen. Beobachtungen sprechen dafür, daß die Nestgenossen auf diese Signale achten. Auch eine Richtungsweisung besteht, ist aber primitiv und beschränkt sich darauf, daß die erfahrenen Sammlerinnen den alarmierten Neulingen beim Ausflug eine Strecke weit das Geleit geben und sie in der Richtung zum Ziel auf den Weg bringen, den sie dann selbst zu Ende finden müssen — wobei der Erfolg weit hinter dem der spurenlegenden *Trigona*-Arten zurückbleibt.

Übergangsformen von solchen Ansätzen zu den *Tänzen der qienen* mit ihrer vollendeten Lagebeschreibung des Zieles kennen wir nicht. Sie sind wohl mit den direkten Vorfahren der Gattung *Apis* verschwunden. Von dieser gibt es heute außer unserer Honigbiene nur noch drei Arten, die auf ihre Urheimat im südlichen Asien beschränkt geblieben sind. Die Hoffnung, bei ihnen doch noch Hinweise wenigstens auf die letzten Entwicklungsstufen der Bienensprache zu finden, gab Anlaß zu einer Studienreise M. Lindauers in ihr Heimatgebiet. Sie brachte keine Enttäuschung.

Bei den indischen Bienen

Unsere Honigbiene *(Apis mellifica)* hat drei tropische Vettern: die Zwerghonigbiene *(Apis florea)*, die Riesenhonigbiene *(Apis dorsata)* und die indische Biene *(Apis indica)*. Ihre ungleiche Größe ist der augenfälligste Unterschied. Aber sie stehen auch in ihrer staatlichen Organisation nicht auf gleicher Höhe.

Die indische Biene vertritt dort zu Lande die Stelle unserer Biene als Haustier und Honiglieferantin. Sie ist weniger seßhaft als diese. Wenn ihr etwas nicht paßt, sei es daß in der Umgebung die Tracht spärlich wird oder daß Ameisen sie in ihrer Wohnung belästigen, so zieht sie einfach um, verläßt ihren Bau und legt irgendwo weit entfernt im Walde einen neuen an. Dadurch hat es der indische Imker ein wenig unbequem. Nicht selten muß er sich aufmachen und sehen, ob er in hohlen Bäumen des Waldes Ersatz für seine Ausreißer findet. Im übrigen sind die indischen Bienen in ihrer Lebensweise den unseren sehr ähnlich. Auch ihre Tanzsprache ist im wesentlichen dieselbe.

Am ursprünglichsten und hiermit am interessantesten ist die *Zwerghonigbiene*. Sie ist ein entzückender Zwerg: kleiner als eine Stubenfliege, am Hinterleib ziegelrot gezeichnet und mit silberweißen Filzbinden geschmückt. Sie baut nur eine einzige Wabe, etwa so groß wie ein Handteller, stets unter freiem Himmel an einem Zweig in lichtem Gebüsch (Abb. 124). Der oberste Teil der Wabe umgreift den Zweig an dem sie hängt und ist etwas verbreitert, so daß obenauf ein horizontales Plateau entsteht — der Tanzboden der kleinen Gemeinde! Hier landen die heimkehrenden Sammlerinnen und hier verbreiten sie ihre Nachrichten. Alle drei indischen

Apis-Arten haben dieselbe Verständigungsweise wie unsere Bienen: Rundtänze bei nahen Zielen und Schwänzeltänze mit ihrer Entfernungs- und Richtungsweisung bei größerem Abstand. Aber

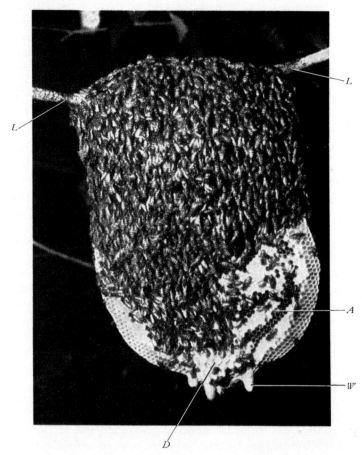

Abb. 124. Das Nest der indischen Zwerghonigbiene *(Apis florea)* besteht aus einer handtellergroßen, an einen Zweig gebauten Wabe, von deren unterem Teil hier die Bienen verjagt wurden, um das Brutnest sichtbar zu machen. *A* Arbeiterinnenbrut, *D* Drohnenbrut, *W* Weiselzellen. — Gegen Honigraub durch Ameisen schützen sich diese Bienen durch klebrige „Leimringe" (*L*), die sie am tragenden Ast aus einer harzartigen, an Pflanzen gesammelten Masse anbringen (nach M. Lindauer)

die Zwerghonigbienen tanzen ausschließlich auf der oberen Plattform ihrer Wabe, auf horizontaler Fläche, angesichts der Sonne und des blauen Himmels. Zwingt man die Sammlerinnen durch Bedecken der Plattform auf die seitliche, vertikale Wabenfläche, so tanzen sie wirr und ungerichtet. Sie sind nicht imstande, den Winkel zur Sonne in den Schwerkraftwinkel zu übersetzen. Sie können die Richtung zur Futterquelle nur anzeigen, indem sie sich beim Schwänzellauf auf horizontalem Tanzboden in jenen Winkel zur Sonne einstellen, den sie beim Flug zum Ziel eingehalten hatten. So macht es ja ausnahmsweise auch unsere Biene, und wir haben dieses Verhalten als das einfachere und ursprünglichere aufgefaßt (S. 131f.). Die Zwerghonigbiene bestätigt es, indem sie als primitivste unter den heutigen *Apis*-Arten *nur* auf diese Weise tanzt.

Die *Riesenhonigbienen* sind größer als unsere Hornissen und ihre Stiche sind ebenso gefürchtet. Auch sie bauen eine einzige Wabe, die einen Durchmesser von 1 m erreichen kann und gleichfalls stets im Freien angelegt wird, an den Ästen schütter belaubter Bäume hängend (Abb. 125), oft auch unter einer vorspringenden Felskante. Sie ist um einen Schritt weiter gekommen als die Zwerghonigbiene, indem sie auf der vertikalen Wabenfläche den Winkel zur Sonne auf den Winkel zur Schwerkraft transponiert. Das ist für sie eine Notwendigkeit, weil sie keinen horizontalen Tanzboden besitzt; die Oberkante ihrer Wabe ist an einem Ast oder Felsen festgekittet. Aber sie tanzt nur an solchen Stellen der vertikalen Wabenflächen, wo sie freien Ausblick nach der Sonne oder blauem Himmel hat. Warum das so ist, wissen wir bisher nicht. Es scheint, daß sie den Sonnenwinkel auf den Winkel zum Lot nur transponieren kann, wenn sie beides gleichzeitig wahrnimmt und daß auch die Neulinge, die ihren Tanz verfolgen, die Richtungsweisung nur unter dieser Voraussetzung verstehen.

Nur die *indischen Bienen* und *unsere Honigbiene* haben es dazu gebracht, sich den Sonnenwinkel zu merken und aus dem Gedächtnis in den Schwerkraftwinkel zu übersetzen. Das war die Voraussetzung für ihr Wohnen in hohlen Bäumen oder Erdlöchern, die vor Feinden und Unbilden der Witterung besseren Schutz gewähren. Erst dadurch wurde ihnen auch die Besiedelung von Gebieten möglich, in denen — wie bei uns — frei nistende Völker einen strengen Winter nicht überstehen können.

Nach diesen Ergebnissen einer „vergleichenden Sprach-
forschung" an Bienen scheint die folgende Vorstellung von der
Entwicklung der Bienensprache begründet:

Der Anfang war, daß erfolgreich heimkehrende Sammlerinnen
durch erregtes Herumrennen und durch ein summendes Vibrieren
der Flugmuskeln die Aufmerksamkeit der Nestgenossen auf sich

Abb. 125. „Bienenbaum" im Botanischen Garten zu Peradeniya (Cey-
lon). Das Volk der indischen Riesenhonigbiene *(Apis dorsata)* baut
seine große, frei hängende Wabe unter freiem Himmel, an Bäumen
mit lichter Belaubung (nach M. Lindbauer)

lenkten. Das Vibrieren der Flugmuskeln ist bei Insekten ein verbreiteter Brauch zum Aufwärmen des Körpers vor dem Abflug
und dient zwischen zwei Ausflügen dem Warmhalten. Am Blütenduft, der am Körper der geschäftigen Kameraden haftete, erkann-
ten die Nestgenossen die Duftmarke der Futterquelle und machten
sich nach allen Seiten auf die Suche. Ein Schritt zu einer Entfernungsmeldung im Nest war gegeben, wenn mit wachsender
Entfernung des Zieles das Summen in zunehmend längeren Ton-

stößen hervorgebracht wurde, wie das bei manchen stachellosen Bienen zutrifft. Eine Richtungsweisung begann damit, daß die erfahrenen Sammlerinnen die alarmierten Neulinge beim Ausfliegen ein Stück weit mit auf den Weg nahmen.

Im Tanz der Honigbienen sind Entfernungs- und Richtungsweisung im Schwänzellauf miteinander gekoppelt. Die zunehmende Länge der Summtöne und als zusätzliche Ausdrucksbewegung ein gleichzeitiges Schwänzeln markieren scharf die Schwänzelzeit als Symbol der Entfernung. Die Richtungsweisung ist nun bei der Zwerghonigbiene durch die Richtung des Schwänzellaufs mit Bezug auf den Sonnenstand gegeben. Auch das ist ein verständlicher Schritt: an die Stelle der Geleitflüge traten „Intentionsbewegungen", wiederholte Ansätze zum Abflug in der angestrebten Richtung, wie man sie ähnlich bei Vogelscharen vor dem gemeinsamen Aufbruch zum Schlafplatz oder zu gewohnten Weideplätzen beobachten kann.

Aber wie kamen die Bienen schließlich dazu, im finsteren Stock den Sonnenwinkel durch den Schwerkraftwinkel zum Ausdruck zu bringen? Haben sich die Bienenvölker eines Tages versammelt und den Übersetzungsschlüssel vereinbart: Richtung nach oben auf der Wabe = Richtung zur Sonne beim Flug usw.?

Die geistigen Fähigkeiten der Bienen schließen eine solche Annahme aus. Für verständige Überlegungen sind in ihrem Gehirn, so groß wie ein Stecknadelkopf, die Voraussetzungen nicht gegeben. Ihre Handlungsweisen, so verwickelt sie uns erscheinen, sind erblich festgelegte, nur wenig wandlungsfähige Instinkte und halten sich in den engen Grenzen dessen, was unter natürlichen Umständen für sie Bedeutung hat.

Erfahrungen an anderen Insekten haben aber auch diesen letzten Schritt in der Entwicklung der Bienensprache dem Verständnis etwas nähergebracht. Auch ein Mistkäfer bedient sich unter Umständen der Sonne, um den geraden Weg nicht zu verlieren. Er macht es einfach so, daß er beim Kriechen auf dem Boden einen bestimmten Winkel zur Sonne beibehält — oder zu einer künstlichen Lichtquelle, wenn er als Versuchstier in den Dienst der Wissenschaft gespannt ist. Versetzt man ihn nun plötzlich in Dunkelheit und kippt gleichzeitig seine Lauffläche hoch, so daß sie vertikal steht, so schlägt er den Winkel zur Schwerkraft ein, den er vorher zum Licht eingehalten hatte. Das hat für ihn keinerlei biologische Bedeutung. Er bleibt nur, vielleicht aus einer Art geistiger Trägheit, bei seinem Orientierungswinkel; wenn das Licht versagt, hält er sich an einen anderen brauchbaren Orientierungsreiz, in unserem Falle an die Schwerkraft. Ganz Entsprechendes hat man bei anderen Insektenarten beobachtet. Bei jenem Transponieren der Bienen, das so schwer zu begreifen schien, handelt es sich also offenbar um eine weit verbreitete primäre Eigentümlichkeit nervöser Zentren. Es kam nur darauf an, diese angeborene Verschlüsselung sinnvoll zur Anwendung zu bringen, um eine durch Erfahrung bekannt gewordene Richtung anderen zu übermitteln, und so in einzigartiger Weise in den Dienst einer biologischen Aufgabe zu stellen.

Das klingt ganz einleuchtend — und bleibt doch rätselhaft genug, um das Staunen nicht zu verlernen.

Sachverzeichnis

Verständliche Wissenschaft

Verständliche Wissenschaft